AI와 로봇 경찰

인공지능총서

인공지능 시대입니다. 기계가 인간의 인지를 대신하고, 사물이 인간을 통하지 않고 다른 사물과 직접 커뮤니케이션합니다. 이에 따른 인간 삶과 문명 변화를 정확히 이해·예측·대응하는 것은 이 시대 우리 모두의 과제입니다. 인공지능총서는 인공지능 기술과 환경의 여러 주제를 10가지 키워드로 정리합니다. 관련 개념과 이론, 학계와 산업계의 쟁점, 우리 일상의 변화를 다룹니다. 인간과 기술의 현재, 미래를 세심히 분석합니다.

일러두기

- 인명, 작품명, 저서명, 개념어 등은 한글과 함께 괄호 안에 해당 국가의 원어를 병기했습니다.
- 외래어 표기는 현행 어문규정의 외래어표기법을 따랐습니다.

'*' 표시된 책은 제목이 긴 도서입니다. 큐알 코드를 이용해 도서 목록에서 확인하세요.

'*' 표시된 책은 제목이 긴 도서입니다. 큐알 코드를 이용해 도서 목록에서 확인하세요.

AI가 리셋하는 세상, 대한민국 최고 전문가들의 추적·보고·설명·분석·예측·계획·권고, 〈인공지능총서〉에 다 있습니다. 핸드폰으로 큐알 코드를 찍으세요. 책을 자세히 볼 수 있습니다.

aiseries.oopy.io

인공지능총서가 궁금하시면?

전화 02-3700-1273   이메일 jwjuhn@commbooks.com
문자 010-9507-5471   카카오톡 오픈채팅방 '인공지능총서'

커뮤니케이션북스

AI와 로봇 경찰

송진순

대한민국, 서울, 커뮤니케이션북스, 2025

AI와 로봇 경찰

지은이 송진순
펴낸이 박영률

초판 1쇄 펴낸날 2025년 3월 21일

커뮤니케이션북스(주)
출판 등록 2007년 8월 17일 제313-2007-000166호
02880 서울시 성북구 성북로 5-11
전화(02) 7474 001, 팩스(02) 736 5047
commbooks@commbooks.com
www.commbooks.com

ISBN 979-11-7307-623-7 03500

책값은 뒤표지에 표시되어 있습니다.

차례

인간과 로봇의 공존을 위한 나침반

"우리가 도구를 만들고, 다시 도구는 우리를 만든다." 미디어 학자 마셜 매클루언(Marshall McLuhan)은 『미디어의 이해(Understanding Media)』(1964)에서 인간과 기술의 관계를 꿰뚫는 통찰로 도구와 매체는 인간의 사고와 사회 구조의 변화에 커다란 영향력을 가진다고 했다. 석기시대 돌칼, 글자, 컴퓨터 그리고 인공지능(AI)에 이르기까지, 끊임없는 도구의 발전은 동시에 인간의 사고와 신체적 능력을 확장해 주는 역할을 하며 새로운 역사를 쓰고 있다. 또 다른 전환점에 서서 인공지능과 로봇 기술이 단순히 도구를 넘어, 결정을 내리고 법과 윤리를 집행하며 인간의 역할에 도전하는 이 시대에는 새로운 성찰과 앎이 필요하다.

　미래학자 레이 커즈와일(Ray Kurzweil)은 『특이점이 온다(The Singularity is Near)』(2007)에서 AI가 인간을 넘어서는 순간, 즉 기술적 특이점(technological singularity)을 예견했다. 그리고 AI가 인간의 총체적 지능을 능가하는 지점을 지나 인간의 통제권을 벗어나는 것에 대한 우려를 언급했다. 당시 이는 먼 미래의 이야기처럼 들렸으나, 불과 출간 후 20여 년 만에 현실은 그 가능성을 목도하고 있다. 특히 공공 안전과 법 집행이라는 영역에서 AI와 로봇의 역할이 급부상하며, 단순한 도구로서의 한계를 넘어설 준비를 하고 있다. 로봇 경찰은 이제 영화 속 공상과학이 아닌, 실제 치안 시스템의 중추적, 획기적인 일원이 되어 가고 있다.

하지만 상보적이길 바라던 정보 통신 기술의 발전이 항상 긍정적 결과만을 가져오는 것은 아니다. 2016년 미국에서 발생한 컴퍼스(COMPAS, 범죄 재범 가능성을 예측하는 AI) 사례는 AI 알고리즘이 가진 편향이 어떻게 인간의 자유를 침해할 수 있는지를 보여 주는 경고였다. 법학자 프랭크 패스콸리(Frank Pasquale)는 저서 『블랙박스 사회(The Black Box Society)』에서 알고리즘은 투명성을 거부하며 인간의 결정권을 침식한다고 지적했다. 편향성이나 오류 문제를 모니터링하기 어렵게 만드는 블랙박스의 실체는 개인의 자유를 침해하거나 불공정과 불평등적 사회구조를 당연시하게 만든다. 이러한 AI 기술을 맹신하기에 앞서, 그 안에 내재된 윤리적, 사회적 함의를 고민해야 한다.

이 책 『AI와 로봇 경찰』은 이러한 고민과 물음에 통찰과 이해를 제공하고자 하는 시도다. 우선은 로봇과 AI 시스템을 가진 로봇 경찰이 공공 영역에서 어떻게 활용되고 있는지 조명한다. AI가 범죄를 예방하고 치안을 강화하는 데 어떤 기술적 잠재력을 지니고 있는지, 그리고 이러한 기술이 실제 사회에 어떻게 적용되고 있는지를 다룬다. 이어서, AI 알고리즘의 편향성과 블랙박스 문제, 디지털 격차, 디지털 레드라이닝(redlining) 등을 논의하고, 로봇의 법적 지위와 윤리적 의사 결정자로서의 역할을 심층적으로 탐구한다. 마지막으로, 책임 있는 AI 설계를 위한 가이드라인과 기술적 포용성을 통해 인간과 로봇이 공존할 수 있는 방향성을 제시한다. 로봇 경찰을 도입하고 실제적 공무 집행자로서 막중한 임무를 부여하는 것은 공공의 안전을 최우선으로 하기 위해 고안된 것임을 잊지 말아야 한다. 공공 이익을 위한 공공 서비스의 제공은 공공의 신뢰를 바탕으로 타당하고 공정한 AI 사용에 선순환적인 연결고리들, 즉 윤리적 원칙들과 규제, 법규 제정, 감시 감독 등의 윤리적 프레임워크를 견고하게 할 수 있다. 시민들의 공권력에 대한 신뢰는 과학 기술에 대한 신뢰로 이어져, 설명 가능한 인공지능(Explainable AI), 책임 있는 AI 사용을 유도할 수 있다. 우리 사회에 로봇 경찰의 도입이 시사하는 바는 크다. 치안과 집행은 인간의 생명과 직결되는 문제이자 인간과 AI의 윤리적 공존과 공생을 위한 첫 시도라 해도 과언이 아니다. 법적, 제도적 조치 및 사용의 적절성과 타당성, 잠재적 유익성과 위해성의 균형을 맞추는 것이 쉽지 않겠지만 우리가 지키고 추구할 원대한 AI의 윤리적 사용을 목표로 과정으로서 인류의 지속 가능성을 위한 프레임워크 작업을 게을리해서는 결코 안 될 것이다.

"로봇과 공존한다는 것은 무엇을 의미하는가?" 이 질문은 단순히 기술적 문제를 넘어, 인간성과 사회적 가치에 대한 근본적인 성찰을 요구한다. 이러한 성찰의 시작점이자, 로봇과 AI가 인간과 조화를 이루며 더 나은 미래를 만들어 갈 길을 함께 모색하는 데 나침반이 되고자 여러분을 이 책에 초대하고자 한다.

01
로봇과 로봇 경찰

기술은 본질적으로 선도 악도 아니지만,
사용하는 방식에 따라 그 성격이 결정된다.
로봇이 인간 사회에 깊숙이 들어온 오늘날,
로봇의 역할과 한계를 재정의할 필요가 있다.
로봇 경찰과 같은 기술적 구현은 치안과 정의의
미래를 어떻게 바꿀 것인지 질문을 던진다. 로봇
경찰은 효율과 공정을 겸비한 이상적 존재일까,
아니면 통제의 수단이 될 위험을 품고 있을까?
로봇 경찰의 개념과 사례를 통해 기술이 정의,
윤리, 인간성을 어디로 이끌어 갈지 탐구한다.
AI와 로봇공학이 빚어낼 새로운 질서 속에서,
우리는 어떤 선택을 해야 할까?

AI는 뭘까

2050년 치안 환경 변화에 대비, 국민 안전을 더욱 든든히 지키기 위한 미래 치안 정책 종합계획에 로봇을 사용하겠다고 경찰청은 밝혔다. 2016년 미국 텍사스 댈러스에서 경찰을 대상으로 한 저격 사건이 있었고, 용의자 사살을 위한 로봇 사용을 통해 경찰은 더 많은 희생자를 줄일 수 있었다. 치안 도입에 로봇 도입의 당위성을 부여한 사례다. AI에 대한 시민들의 좀 더 깊은 이해와 통찰이 필요함을 보여 준다.

1956년 존 매카시(John McCarthy)가 다트머스 회의에서 AI라는 용어를 처음 사용하며 기계가 스스로 학습하고 문제를 해결할 수 있는 가능성에 대한 본격적인 연구가 시작되었다. 이는 인간의 지능을 이해하기 위해 컴퓨터를 생물학적 관찰에만 AI를 국한하여 정의할 필요는 없다고 밝히고 있다. 이보다 수십 년 전 1950년에 발표된, 컴퓨터 과학의 아버지, 앨런 튜링은 논문 "계산하는 기계와 지능(Computing Machinery and Intelligence)"에서 다음과 같은 질문을 던진다. 기계가 생각할 수 있을까? 튜링은 인간 심문관이 기계와 인간 각각과 대화하여 기계가 구분할 수 없을 정도로 인간과 비슷한 대화를 한다면 인간 수준의 지능을 갖춘 것으로 간주하는 '튜링 테스트(Turing Test)(처음에는 Turing의 모방 게임이라고 불림)'를 제안한다. 튜링 시대의 관건은 기계가 결정을 기억하고 저장하는 능력이 어느 정도인가였다 기계는 계산은 할 수 있지만 AI를 구현하고 사람처럼 생각하도록 하는 데 기본적으로 필요한 정보를 저장하는 기능은 갖추지 못했다. 스튜어트 러셀(Stuart Russell)과 피터 노빅(Peter Norvig)이 출판한 『인공지능: 현대적 접근 방식 (Artificial Intelligence: A Modern Approach)』은 AI 연구의 주요 교과서 중 하나가 되었고(생각공작소, 2023), 합리성, 사고 대 행동을 기반으로 컴퓨터 시스템을 차별화하는 AI의 잠재적인 목표 또는 정의를 탐구했다. 첫 번째 목표는 컴퓨터를 인간과 유사하게 만드는 것, 두 번째 목표는 컴퓨터가 이성적 합리성을 갖추게 하는 것이었다.

인간의 접근 방식은 주로 경험과 직관에 기반한다. 인간은 문제를 해결할 때 과거의 경험을 바탕으로 직관적으로 결정을 내리며, 종종 완벽하지 않은 정보로도 결정을 내릴 수 있다. 이러한 접근 방식은 유연하고 창의적일수 있지만, 때로는 비합리적이거나 편향된 결정을 초래할 수 있다. AI 시스템의 첫 번째 정의는 인간처럼 생각하고, 학습하고, 문제를 해결할 수 있다는 것이다. 시스템이 인간처럼 행동하고 성공적으로 의사소통하기 위해 그 말을 이해하고 그 말에 응답하고, 대화를 발전시키고, 새로운 결론을 형성할 수 있다면 이 범주에 적합하다. 이상적인 접근 방식은 논리적이고 체계적인 방법을 사용하여 문제를 해결하는 것을 목표로 주로 수학적 모델과 알고리즘을 통해 이루어지며, 가능한 한 모든 정보를 고려하여 최적의 결정을 내리는 것이다. 이는 더 정확하고 일관된 결과를 제공할 수 있지만, 현실 세계의 복잡성과 불확실성을 완전히 반영하지 못할 수도 있다.

AI 시스템에 대한 두 번째 범주 집합은 합리적으로 수행하는 능력에 대한 측정이다. 사람들은 늘 합리적일 수 없지만, 인간과 구별되는 AI의 의사결정 시스템은 합리적으로 생각하거나 행동할 수 있다고 보는 것이다. 다시 말해, AI는 컴퓨터 공학과 견고하고 강력한 데이터 세트를 결합하여 문제 해결을 가능하게 한다. 이는 머신러닝, 딥러닝 등 입력 데이터를 기반으로 예측 또는 분류를 수행하는 AI 알고리즘으로 구성하기 때문이다.

지난 몇 년 동안 AI는 자연어 처리와 학습에서 여러 차례 과도기를 거쳤지만 오픈AI(OpenAI)가 출시한 챗지피티(ChatGPT)는 AI의 무한한 성능과 능력의 발달에 전환점을 가져왔다. 생성형 AI가 발전하고 성장한 데는 컴퓨터 비전의 획기적인 발전과 함께 자연스러워진 자연어 처리가 큰 역할을 한다. 이로써 코딩, 이미지, 음성 및 기타 다양한 데이터 유형의 질문에도 문법적이고 논리적이기도 하지만 그럴듯한 응답을 생성할 수 있는 학습이 가능하게 되었다.

약인공지능 VS 강인공지능

약하다는 용어와 강하다는 용어는 AI 시스템 종류를 구분하는 또 다른 방법이다. 약한 AI(Artificial Narrow Intelligence)는 협소 인공지능(Narrow AI) 또는 인공협소지능의 의미로, 애플(Apple)의 시리(Siri), 아마존(Amazon)의 알렉사(Alexa), 구글(Google) 자율주행 차 등 특정 업무, 작업을 수행하는 데 초점을 맞추고 훈련된 AI다. 약인공지능은 오늘날 알고 있는 AI의 대부분을 차지한다.

강인공지능은 일반 인공지능(Artificial General Intelligence, AGI)과 인공 슈퍼지능(Artificial Super Intelligence, ASI)으로 구성된다. 인공일반지능(AGI) 또는 일반 AI는 기계가 인간과 동등한 지능을 가지고 문제를 해결하고 학습하며 미래를 계획할 수 있는 자각 의식을 갖는 이론적 형태의 AI다. 초지능이라고도 불리는 인공 슈퍼지능(ASI)은 인간 두뇌의 지능과 능력을 능가할 수 있다. AGI는 의식이 있는 자각 시스템이다. 그것은 문제를 해결할 수 있고 미래를 계획할 수도 있다(trendmicro.com). ASI는 인간의 능력을 뛰어넘는 시스템이다. 영화를 보지 않는 한 ASI의 예는 아직 존재하지 않는다. 〈2001 스페이스 오디세이〉(1968)에 할(HAL)이라는 컴퓨터 시스템이 바로 그 예다.

딥러닝과 머신러닝 비교

딥러닝과 머신러닝은 같은 의미로 사용되는 경향이 있는데, 둘 사이의 미묘한 차이에 주목할 필요가 있다. 딥러닝은 사실 머신러닝의 하위 분야다. 딥러닝은 실제로 신경망으로 구성되어 있다. 딥러닝에서 '딥(deep)'은 입력과 출력을 포함해 세 개 이상의 계층으로 구성된 신경망을 의미하며, 이를 딥러닝 알고리즘으로 간주할 수 있다.

딥러닝과 머신러닝의 차이는 각 알고리즘이 학습하는 방식에 있다. 딥러닝은 프로세스의 특징 추출 부분 중 대부분을 자동화하여 사람이 직접 개입해야 하는 부분을 없애고 더 큰 데이터 세트를 사용할 수 있게 한다. 딥러닝은 '확장 가능한 머신러닝'이라고 생각하면 된다. 인간

전문가가 데이터 입력 간의 차이를 이해하기 위해 기능의 계층 구조를 결정하며, 일반적으로 학습을 위해서는 보다 구조화된 데이터가 필요하다. 딥머신러닝은 '레이블이 지정된 데이터 세트('지도형 학습'이라고도 함)'를 활용하여 알고리즘에 정보를 제공할 수 있지만, 레이블이 지정된 데이터 세트가 반드시 필요한 것은 아니다. 텍스트, 이미지 등의 비정형 데이터를 원시 형태로 수집할 수도 있다. 또 다양한 범주의 데이터를 서로 구별하는 계층 구조를 자동으로 결정할 수 있다. 머신러닝과 달리 데이터를 처리하는 데 사람의 개입이 필요하지 않으므로 머신러닝을 더 흥미로운 방식으로 확장할 수 있다.

생성형 모델(심층 신경망)의 부상

생성형 AI는 위키피디아의 데이터나 렘브란트의 작품 컬렉션과 같은 원시 데이터를 가져와 '학습'을 통해 통계적으로 가능한 결과를 생성할 수 있는 딥러닝 모델을 말한다. 생성형 모델은 학습 데이터의 단순화된 표현을 인코딩하고, 이를 바탕으로 원본 데이터와 유사하지만 동일하지는 않은 새로운 작업을 생성한다. 생성형 모델은 통계 분야에서 수치 데이터를 분석하는 데 수년간 사용되어 왔다. 그러나 딥러닝의 등장 덕분에 이미지, 음성 및 기타 복잡한 데이터 유형으로 확장할 수 있게 되었다. 2013년에 도입된 VAE(Variational Auto Encoder)는 사실적인 이미지와 음성을 생성하는 데 널리 사용된 최초의 딥러닝 모델이다. 모델을 쉽게 확장할 수 있게 함으로써 심층 생성 모델링에 대한 수문을 열었고, 현재 생성형 AI라고 생각하는 GPT-3, 버트(BERT) 또는 달리(DALL-E) 2와 같은 모델의 초기 사례는 AI의 가능한 무한한 가능성을 보여 주었다. 미래에는 레이블이 지정되지 않은 광범위한 데이터 세트를 훈련하여 최소한의 미세 조정으로 다양한 작업에 사용할 수 있는 모델이 등장할 것이다. 생성형 AI는 레이블이 지정되지 않은 대규모 데이터 세트를 학습하고 다양한 애플리케이션에 맞게 조정되어 변화를 주도하고 있다.

AI 애플리케이션

AI 시스템의 실제 적용 사례는 오늘날 무수히 많다. 가장 일반적인 사용 사례 몇 가지를 살펴보자.

음성 인식: 자동 음성 인식(ASR), 컴퓨터 음성 인식 또는 음성-텍스트 변환이라고도 하며, 자연어 처리(NLP)를 사용해 사람의 음성을 글자 형태로 처리하는 기능이다. 많은 모바일 기기가 시스템에 시리(Siri)와 같은 음성

표 1-1. 인공지능 진화의 중요한 이정표와 사건

연도	사건 및 이정표	설명
1950	앨런 튜링, "계산하는 기계와 지능(Computing Machinery and Intelligence)" 출판	튜링 테스트 소개: 기계가 인간과 동일한 지능을 보여 줄 수 있는지를 판단하는 방법으로 제시됨.
1956	존 매카시, 다트머스 콘퍼런스에서 '인공지능(AI)' 용어 도입	최초의 AI 콘퍼런스 개최, 같은 해 로직 이론가(Logic Theorist)라는 최초의 실행 가능한 AI 소프트웨어 개발.
1967	프랭크 로젠블랫, 퍼센트론(Mark 1 Perceptron) 개발	시행착오를 통해 '학습'할 수 있는 신경망 기반 최초의 컴퓨터 개발.
1969	마빈 민스키와 시모어 패퍼트, 퍼셉트론(Perceptrons) 책 출판	신경망 연구에 대한 비판적 연구로, 이후 신경망 연구 프로젝트에 대한 반대 논쟁 촉발
1980년대	역전파 알고리즘 도입	신경망이 스스로 학습하는 방식이 발전하며, AI 애플리케이션에 널리 사용되기 시작함.
1997	IBM 딥블루(Deep Blue), 체스 챔피언 개리 카스파로프를 이김	인공지능이 체스 세계 챔피언을 이긴 최초의 사건으로, AI가 게임 및 전략 분야에서 거둔 성과를 상징함.
2011	IBM 왓슨(Watson), <제퍼디(Jeopardy)> 퀴즈쇼에서 챔피언들을 이김	자연어 처리 기반 AI가 퀴즈 프로그램에서 인간을 이긴 사건.
2015	바이두(Baidu)의 민와(Minwa) 슈퍼컴퓨터, 인간보다 더 정확하게 이미지 분류	콘볼루션 신경망을 사용한 심층 신경망이 이미지 인식에서 인간을 초과하는 성과를 보임.
2016	딥마인드(DeepMind)의 알파고, 바둑 세계 챔피언 이세돌을 이김	바둑이라는 복잡한 게임에서 AI가 인간 챔피언을 이긴 최초의 사건.
2023	챗지피티(ChatGPT)와 같은 대규모언어모델(LLM) 기반 AI의 발전	대규모언어모델(LLM)의 발전으로, AI의 성능과 기업 가치를 창출할 수 있는 잠재력이 크게 증가.

인식 기능을 통합하여 음성 검색을 수행하거나 문자 메시지에 대한 접근성을 향상하고 있다.

고객 서비스: 고객 응대 과정에서 온라인 가상 상담사가 인간 상담사를 대체하고 있다. 온라인 챗봇은 배송 등의 주제로 자주 묻는 질문(FAQ)에 답을 주거나 맞춤형 조언을 제공하고, 제품을 교차 판매하거나 고객에게 사이즈를 추천해 준다. 웹 가상 상담사를 보유한 전자 상거래 사이트의 메시지 봇, 슬랙(Slack) 및 페이스북 메신저(Facebook Messenger)와 같은 메시지 앱, 가상 및 음성 어시스턴트가 주로 수행하는 작업 등이 있다.

컴퓨팅 비전: 컴퓨터와 시스템이 디지털 이미지, 비디오 및 기타 시각적 입력에서 의미 있는 정보를 도출, 입력을 기반으로 조치를 취한다. 추천을 제공하는 이 기능은 이미지 인식 작업과 구별되며, 소셜 미디어의 사진 태그 지정, 의료 분야의 방사선 영상, 자동차 산업의 자율주행 차량 등에 적용된다.

추천 엔진: AI 알고리즘은 과거의 소비 행동 데이터를 사용하여 데이터 트렌드를 발견하는 데 도움을 주고, 트렌드를 활용해 효과적인 교차 판매 전략을 개발한다. 온라인 소매업체가 고객이 결제를 진행할 때 관련된 추천 상품을 권하는 데도 사용된다.

자동 주식 거래: 주식 포트폴리오를 최적화하도록 설계된 AI 기반 초단타 거래 플랫폼은 인간의 개입 없이 하루에 수천 또는 수백만 건의 거래를 처리한다.

로봇이란

프리츠 랑(Fritz Lang)의 1927년 영화 〈메트로폴리스(Metropolis)〉의 가정부 로봇, 마리아로 거슬러 올라가 보면 로봇은 이미 오래전부터 영화와 소설에 다양한 모습으로 등장한다. 로봇 경찰은 인간 형태(humanoid)의 기계로, 인간과 같은 인식 기능, 운동 기능을 구현한 로봇 기술의 총체적 발전이 정점에 있는 가장 고난도의 지능형 로봇이라 할 수 있다.

로봇(Robot)이란 robota(일하다)와 robotnik(노예)의 합성어로 강제 노동자란 뜻의 체코어에서 유래했다. 최초로 로봇이란 단어가 사용된 것은 체코의 극작가 카렐 차페크(Carel Čapek)의 1921년 희곡 〈로숨의 인조인간 Rossum's Universal Robot〉이다. 카렐 차페크는 이 희곡에서 기술의 발달과 기술과 인간 사회의 관계에 대한 아주 비관적인 견해를 상징적으로 표현하여 물질문명의 폐해를 풍자하고자 하였다. 로봇이란 단어가 사용되기 훨씬 이전부터 인간을 대신해 동작 및 조작하는 장치들이 제작되어 사용되었는데, 기원전 그리스에서는 신전 제단 문의 자동 개폐 장치가 있었고, 18세기 프랑스에서는 기계 장치로 제작된 물오리 인형 등이 있었다. 차페크의 이 작품 이후로 많은 영화와 소설에 로봇(robot)이라는 말이 등장했다. 20세기 후반에 만들어진 로봇공학(robotics)이라는 용어는 아이작 아시모프(Isaac Asimov)가 1942년 단편 소설에서 사용하였고, 이 용어를 사용하여 그는 로봇이 따라야 할 세 가지 주요 법칙을 확립했다.

로봇의 3원칙

로봇이 탄생 후 발전하는 과정에서 많은 소설과 영화 속에서 로봇이 무기로 사용되고 인간을 지배하는 등 단점을 보여 주었다. 로봇을 연구하고 제작하는 과학자들은 세 가지 원칙을 기준으로 삼는다(테크플러스, 2018).

1원칙: 로봇은 인간에게 해를 끼쳐서는 안 되며, 위험에 처해 있는 인간을 방관해서도 안 된다.

2원칙: 로봇은 인간의 명령에 반드시 복종해야만 한다. 단 제1법칙에 위배되는 경우는 제외한다.

3원칙: 로봇은 자기 자신을 보호해야만 한다. 단 제1법칙과 제2법칙에 위배되는 경우는 제외한다.

사실 로봇은 단일 정의도 없고, 인간의 정의에 합당할

필요도 없고 특정한 방식으로 행동할 필요도 없다. 로봇이란 사람이 요구한 행동을 처리하고 자동으로 사람이 할 일을 처리하는 기계 장치를 말하며, 알맞도록 고안된 도구를 팔 끝부분에 부착하고, 제어 장치에 내장된 프로그램의 순서대로 작업을 수행한다. 따라서 로봇을 '자동 제어에 의해 여러 가지 작업을 수행하거나 이동하도록 프로그래밍할 수 있는 다목적용 기계'라고 정의할 수 있다(송진순, 2023).

지능형 로봇이란?

기술이 발전함에 따라 로봇이 사람 일을 대신하고 사람이 할 수 없는 부분까지 처리해 주기 시작했으며, 더 나아가 스스로 판단하고 행동하는 로봇까지 등장하게 되었는데 이를 지능형 로봇이라 한다. 지능형 로봇은 사람처럼 외부 환경을 인지하여 스스로 학습하고 판단하여 행동하는, 사람과 유사하게 제작된 로봇이라 할 수 있다. 잘 발달된 인공 두뇌를 가지고 있으며, 목적에 따라 행동을 배열할 수 있으며 센서와 효과기도 가지고 있다. 지능형 로봇 연구는 기본 프런티어 기술, 공통 기술, 핵심 기술 및 장비, 시범 응용의 네 가지 세부 기술 수준으로 나눌 수 있다. 그중 기본 프런티어 기술은 주로 새로운 로봇 메커니즘의 설계, 지능 개발의 이론 및 기술 개발, 상호 협력 및 인간 행동 향상과 같은 차세대 로봇 검증 플랫폼 연구를 포함한다. 공통 기술에는 주로 핵심 구성 요소, 로봇 전용 센서, 로봇 소프트웨어, 테스트/안전 및 신뢰성 및 기타 핵심 공통 기술이 포함되며, 핵심 기술 및 장비에는 주로 산업용 로봇, 서비스 로봇, 특수 환경 서비스 로봇 및 의료/재활 로봇이 포함된다. 시범 응용 프로그램은 산업용 로봇, 의료/재활 로봇 및 기타 분야를 대상으로 한다. 21세기에 로봇 문화는 사회 생산성, 인간 생활 방식, 일, 사고 및 사회 발전의 발전에 헤아릴 수 없는 영향을 미칠 것이다.

로봇공학+인공지능

수술 및 실험실 절차를 포함한 의료 응용 분야로 로봇공학이 확장되었고, 로봇은 건설, 자동차 및 산업 제조, 의료와 같은 산업에서 반복적이고 힘든 작업을 대체하는 데 널리 사용된다. 로봇은 힘과 효율성에서 인간을 능가하도록 만들어졌지만, 모델로 삼는 것은 인간의 특성이다. 로봇의 유형과 응용 분야에 따라 시각, 촉각 또는 온도 차이를 감지하는 능력을 모방하도록 설계되었고, 로봇 제어 시스템은 로봇이 미래에 수행해야 할 작업에 따라 결정된다. 원격으로 제어되는 로봇과 AI를 갖춘 로봇 시스템이 있다.

로봇공학의 다섯 가지 분야

로봇은 다양한 장점을 가지고 있다. 이러한 장점을 활용해 로봇의 성공을 책임지는 다섯 가지 로봇 분야를 소개할 것이다.

첫째, 위험한 환경에서 인간의 노동을 대체하는 데 사용될 수 있다. 로봇과 인간 사이의 다리 역할을 하는 운영자 인터페이스를 통해 로봇과의 통신을 구축할 수 있다. 둘째, 특정 품목의 운송 또는 특정 구역을 통한 이동이다. 로봇의 유형과 용도에 따라 모바일 로봇은 종종 로봇 팔과 같이 인간의 동작을 모방하도록 설계되거나, 바퀴 또는 다른 형태의 움직임과 이동에 의존한다. 셋째, 로봇은 특정 작업을 수행하기 위해 환경과 상호 작용할 수 있어야 한다. 이러한 상호 작용은 다양한 형태로 제공될 수 있는데, 예를 들어 물건을 집어 올리고 옮기는 휴머노이드 손이 있고, 핀치 메커니즘을 사용하여 무거운 물건을 한 곳에서 다른 곳으로 옮기는 산업 자동화 시스템도 있다. 넷째, 명령의 정확한 실행으로, 당연한 것처럼 보일지 몰라도 모든 로봇은 주어진 명령을 실행할 수 있어야 한다. 따라서 프로그래밍은 로봇공학의 가장 중요한 요소 중 하나이며 컴퓨터 과학 분야에서 빠르게 진화하고 있는 분야다. 기존의 프로그래밍 방법은 미리 적용되고 스스로 변경되지 않지만 알고리즘을 통한 딥러닝을 사용하여 작업에 접근하도록 하는 다양한 유형의 로봇이 인간의 명령 체계를 따르도록 설계되어 있다. 다섯째, 로봇이 작동하는 환경에 대한 정보를 수집하려면 감각 및 지각 기능이 필요하다. 로봇의 지정된 용도에 따라 컴퓨터 비전이나 온도 지각과 같은 센서를 장착해야 한다.

로봇 경찰

로봇이 산업, 서비스 현장에 먼저 등장한 이후 치안에 도입되었는데 이 분야에서 로봇 사용은 다양한 부문에서 기능적인 편의성과 우수성이 돋보인다. 경찰 로봇은 다른 유형의 로봇과 크게 다르지 않다. 모두 AI, 머신러닝, 사물인터넷(IoT)를 사용하여 작업을 수행한다. 예를 들어 경찰 로봇과 서비스 로봇의 주요 차이점은 수행하도록 프로그래밍된 작업이다.

로봇 치안은 로봇 경찰이 정보를 감지하고 정지, 체포 및 기타 격렬하고 과도한 상황을 덜 위험하게 만들도록 설계되었다. 제지, 통제, 감시 등 로봇이 전통적으로 인간 경찰관이 맡았던 작업을 수행해 국가 유지의 기반이 되도록 역할을 하는 것이다. 그 외에도 사고 현장의 잔해 속 탐지 및 수색, 폭탄 터뜨리기까지 위험한 상황에서 인간 경찰을 대신하기도 하고, 전 세계 경찰을 지원할 수도 있다. 예를 들면, SF 영화 〈채피〉에서 로봇 경찰인 채피는 사람보다 강하고 민첩성이 좋아 늘 완벽하게 임무를 수행해 낸다. 놀라운 점은 채피가 고도의 AI를 통해 스스로 생각하고 느끼며 계속 발전해 간다는 것이다. 채피는 급박한 범죄 현장에서 마치 사람처럼 상황을 인지하고 발 빠르게 대처하고, 무인 자율경찰차로 동네를 순찰하며 수상하다고 판단되는 사람을 잠시 구금하기도 한다. 구금 중 차량은 마이크로드론을 출동시켜 DNA 감식 샘플을 채취한다. 기술의 급속한 변화는 경찰 업무 수행 방식을 크게 변화시켰다. 드론은 데이터와 통신 기술, AI, CCTV 등과 결합해 방범 순찰, 피랍·실종자 수색에 활용된다. 또는 곤충 크기의 자율 경찰 무인기 수천 대가 감지되지 않고 도시를 날아다니며 감시를 수행하고 위험한 용의자를 무력화하기 위해 나노 화학 물질을 운반할 수도 있다. 사회 순찰 로봇은 전통적인 도보 순찰보다 훨씬 넓은 지리적 범위를 감당할 수 있고 통신 능력을 제공해, 길잃은 사람에게 조언을 제공하고, 감시 데이터를 기록하고, 예상치 못한 적대적인 상황에 도움을 준다(송진순, 2023). 법 집행 기관과 정부 기관에서 사용하는 경찰 로봇은 운전 패턴에 따라 교통을 정지시키고 얼굴 인식을 사용하여 범죄자를 감지하고 사기를 방지하도록 프로그래밍된다.

최초의 경찰 로봇 중 하나가 2017년 두바이 경찰서에 배치되었다. 로보캅이라는 이름의 로봇은 IoT와 AI 기술을 사용하여 인간의 감정을 인식하며, 쇼핑몰이나 거리에서 시민을 돕는다. 로보캅은 경찰의 최신 스마트 추가 장비이며, 범죄와 싸우고, 도시를 안전하게 유지하고, 행복 수준을 개선하도록 설계되었다. 경찰 로봇은 여러 형태로 나올 수 있다. 로보캅의 휴머노이드, 로봇 개, 카메라와 화면이 달린 교통 정지 로봇 등 다양한 형태의 로봇은 지역 사회에 경찰의 역할 방식을 바꾸고 있다.

로보캅

로보캅은 이미 1987년 미국 공상과학 영화에 등장하여 무법지대인 디트로이트를 배경으로 사이보그 법 집행관으로서 범죄와 맞서던 강력한 모습으로 기억 속에 남아 있다. 2015년 이후 경찰 로봇이 등장했다. 인간 경찰을 대신하는 다양한 로봇 경찰의 등장은 사법적인 집행관으로서의 역할에 여러 가지 의문점과 우려를 던지면서 실생활에서 인간과 조금씩 삶을 공유하고 있다. 아이언맨 경찰 프로젝트는 경찰의 힘을 강화하는 웨어러블 슈트를 개발하는 것을 포함한다. 또 경찰은 위험한 지역을 순찰하기 위해 자율 주행 4족 로봇을 확보하고자 한다. 자율 주행 순찰차와 비행 순찰차도 2027년까지 도입될 예정이다. 장기적으로는 경찰이 112 상황실에서 원격으로 근무하고 대신 현장으로 검색, 기록 및 데이터를 전송할 수 있는 자동 순찰차와 장치를 파견하는 것을 구상하고 있다. 자동화된 이동형 경찰서를 도입할 계획도 가지고 있다.

킬러 로봇

아리온스멧(Arion-SMET)은 바퀴가 네 개 달린 전기 무인 차량이다. 교전 현장에서의 환자 후송, 물자 운반, 감시·정찰, 원격 수색, 근접 전투 등 다양한 임무를 수행할 수 있다. AI가 탑재돼 지도에 목표를 설정하면 경로를 따라 혼자 주행할 수 있다. 장애물을 만나면 알아서 피한다. 아리온스멧의 원격사격통제체계(RCWS)는 기관총으로 무장했다. 수십 미터 떨어진 곳에서 공포탄을 터뜨리자 RCWS가 총구를 움직여 겨눴으나 발사는 하지 않았다. 목표물을 자동으로 탐지하지만, 사람이 승인을 내려야만 사격할 수 있기 때문이다. 한화에어로스페이스 관계자는 적과 아군을 가릴 수 있는 수준의 AI가 현재 기술적으로 불가능하기도 하지만, 기계에 인간을 살해할 권한을 부여할 수 없다는 윤리적인 문제가 있다고 말했다(중앙일보, 2022). 2016년 댈러스 경찰은 로봇에 플라스틱 폭발물을 달아서 경찰 다섯 명을 죽인 저격수를 폭살하는 데 사용했는데, 이는 미국에서 경찰 로봇이 용의자를 죽인 최초의 사례였다. 스스로 적을 공격하고 목표를 파괴하는 로봇을 〈터미네이터〉 등 SF 영화에서만 볼 수 있는 세상이 아니다. AI와 로봇은 전 세계 군사 혁신의 핵심 과제로, 미국 육군은 로봇 전투차량(RCV) 사업을 추진하고 있다. 아리온스멧의 성능 시연도 RCV 사업과 관련 있다. 미 해군은 무인항공기(UAV), 무인수상정(USV), 무인잠함정(UUV) 등으로 이뤄진 유령함대(Ghost Fleet)를 만들 계획이다. 한국도 1단계 초기 자율형(감시정찰 체계) → 2단계 반자율형(전투 체계) → 3단계 완전 자율형(지휘통제 체계) 등 국방혁신 4.0에서 국방 AI 청사진을 준비하고 있다. 현재도 자율 무기 체계(Autonomous Weapon System, AWS)가 전장을 누비고 있다. 우크라이나군이 전쟁 초반에 러시아군을 괴롭힌 뷔르키예의 무인기인 바이락타르 TB2가 대표적이다. 현존 AWS는 후방에서 사람이 조종하거나 사격 명령을 내린다. 그러나 AWS가 AI의 지시에 따라 알아서 움직이고 알아서 공격하는 방향으로 발전하고 있다. AWS는 치명적 자율무기(Lethal Autonomous Weapons, LAWs)로 분류된다. 미 국방부에 따르면 LAWs는 일단 활성화되면 더 이상 인간의 개입 없이 자율적인 판단으로 목표를 선택하고 수행할 수 있는 무기 체계를 일컫는다. AWS의 전투 참여는 윤리적으로 다음과 같은 질문을 던진다. AWS에게 사람을 죽일 수 있는 권한을 줄 수 있을까? AWS가 오류나 해킹으로 무고한 비전투원이나 아군을 살상하면 그 책임은 누가 져야 하는가? 핵무기보다 가격이 저렴해서 대량 생산할 수 있는 AWS가 대량 살상을 부를 수 있지 않을까? 궁극적으로 치명적인 무기화를 막는 것은 국가 및 국제 수준의 정책 입안자에게 달려 있다. AI의 발전이 가속화하고 많은 자율 기능이 등장함에 따라 법제적, 정책적 필요성은 더욱 시급해질 것이다. 치안과 전쟁에 로봇을 사용하는 것의 매력은 분명하다. 로봇은 반복적이거나 위험한 작업에 사용될 수 있지만 디스토피아적 공상과학 시나리오에 영향을 받아 사람들을 위험에 빠뜨리고 빅브라더를 등장시킬 수 있다는 우려가 있다.

경찰 로봇 사용의 이점

일부 사람들은 로봇이 과속 딱지를 발급하고 다른 교통 정지 업무를 하는 등 본질적으로 위험한 업무를 대신함으로써 인력 부족의 한계를 보완하고 경찰의 안전을 지킬 수 있다고 한다. 무엇보다, 로봇은 휴식을 취할 필요가 없으므로 장시간 근무할 수 있다. 반복적인 작업을 완료하고 감시를 지원할 때 자산이 되기도 한다. 예를 들어, 자율 보안 로봇인 K5는 2023년 10월 뉴욕 시 경찰청(NYPD)에 소속되어 타임스 스퀘어 지하철역 내 사람들의 활동을 감시하고 순찰하고 있다. 2013년에는 로봇이 경찰이 보스턴 마라톤 폭탄 테러범을 잡는 데 도움을 주었다. 테러범이 텍사스주 댈러스에서 경찰관 다섯 명을 살해하고 주차장 대치에서 더 많은 사람을 쏘겠다고 위협한 후, 경찰은 추가 사상자 발생을 막기로 결정하고 1파운드의 C4 플라스틱 폭발물을 보냈다. 제조사의 800파운드 로봇이 전달한 물질은 폭발하여 용의자를 사살했다. 다른 옵션을 사용했다면 경찰이 심각한 위험에 노출되었을 것이다. 로봇 기술과 자율 주행 기술을 결합하면 경찰 차량이 자율적으로 운전자를 잡아내고 불필요한 교통 정지나 티켓 할당량을 채우거나 단순히 특정 지역에 어울리지 않는 것처럼 보인다는 등 인간의 의심으로 인해 도로에서 경찰이 멈추는 일이 줄어들 수 있어 티켓 발부를 줄일 수 있다.

참고문헌

생각공작소(2023). https://the-idea-factory.tistory.com/6

송진순(2023). 로봇 경찰의 의사결정과 법집행에 있어 윤리적 요구: 블랙박스, 편향 그리고 거버넌스적 윤리 프레임워크. ≪입법과 정책≫, 15(2), 85-115.

중앙일보(2022.12.4). '이 전투서 인간은 빠져라'…치명적 AI 무기 '킬러로봇' 논란.

　　https://www.joongang.co.kr/article/25122879#home

테크플러스(2018). 76년 된 로봇 3원칙… 여전히 유효할까요?.

　　https://m.blog.naver.com/tech-plus/221428932461

ibm.com(n.d.). 인공지능이란 무엇인가.

　　https://www.ibm.com/kr-ko/topics/artificial-intelligence

Trendmicro(n.d.).https://www.trendmicro.com/ko_kr/what-is/machine-learning/artificial-intelligence.html

02
경찰과 AI: 범죄 예방 AI 기술

"AI는 범죄를 예방할 기회를 제공하지만,
오용될 경우 자유를 위협할 수도 있다." – 캐시
오닐
AI 기술은 경찰 업무의 혁신을 이끌고 있다.
방대한 데이터를 분석해 범죄 패턴을 예측하고,
효율적인 자원 배분을 가능하게 한다. 특히 범죄
예방 분야에서 AI는 위험 지역을 사전에
식별하거나 실시간 감시를 통해 신속한 대응을
지원한다. 이 장에서는 AI가 경찰 업무에 어떤
방식으로 활용되고, 그 효과와 한계를 어떻게
이해해야 하는지 탐구한다.

공공 안전 예측, 분석-디지털 분석

AI는 2023년 형사 사법 제도의 변화에 따라 상당히 발전할 것이다. 그에 따라 범죄 모니터링 및 예방, 사법 및 교정 시스템, 많은 형사 사법 관행에 상당한 영향을 미친다. 교통 안전 시스템부터 범죄 예측, 범죄 패턴 인식 등 AI가 공공 안전과 형사 사법까지 일상생활에서 빠르게 중요한 역할을 차지하고 있다. 범죄 예방에 AI를 어떻게 활용하는지, AI의 도입에 따라 어떤 변화와 효과가 생기는지, AI가 어떤 방식으로 도움을 주는지 등을 실제 사례와 함께 다양한 관점에서 살펴보자.

경찰은 AI를 범죄 예측과 분석에 활용하고 있다. AI가 범죄 발생 가능성이 높은 지역을 예측하거나, 범죄자 프로파일링을 효율적으로 수행하는 데 도움을 주고 있다. 특히 비디오 및 이미지 분석에 AI가 활용된다. 현재 기술로 사람과 사물을 식별하는 것 이상을 할 수 있어 경찰이 복잡한 사고 및 범죄 현장을 진행 중이든 사후이든 감지할 수 있다. AI는 이미지 품질이 좋지 않거나 각도가 완벽하지 않거나 얼굴이 가려져 있어도 개인의 얼굴을 감지할 수 있다.

또 AI 알고리즘을 사용하여 범죄 보고서, 소셜 미디어, 센서 네트워크 등 다양한 소스의 데이터를 분석하여 패턴을 식별하고 범죄가 발생할 가능성이 있는 장소와 시기를 예측할 수 있다. 이는 경찰 자원을 더 효율적으로 할당하고 범죄가 발생하기 전에 예방하는 데 사용될 수 있어 감지, 범죄 활동 모니터링, 범죄 발생 시 법 집행 기관에 보다 신속하게 또는 자동으로 경고, 주변에서 미아 등 범죄 발생 시 주민들에게 통보, 알림으로써 시민이 경찰 정보에 접근할 수 있도록 신속하게 허용하기도 한다. 범죄 위험도 예측 분석 시스템(Predictive Crime Risk Analysis System, pre-CAS)은 이미 발생한 범죄 종류와 시간, 장소 등을 분석해 범죄 발생 확률을 분석한 후 산출된 데이터에 근거해 범죄 발생 확률이 높은 지역을 집중적으로 순찰하는 빅데이터 시스템이다. 미국 경찰은 캘리포니아, 플로리다 등지에서 과거 범죄가 언제, 어디서 발생했는지 상세한 내용을 분석해 범죄 예측에 활용할 수 있는 소프트웨어인 헌치랩(Hunchlab), 프레드폴(PredPol)과 같은 빅데이터 프로그램을 사용하고 있다. AR/VR 지원은 정보제공 및 공유, 의사 결정 및 업무 지원 등에 활용해 데이터의 축적 정도에 따라 효과성을 입증하고 있다(송진순, 2022).

AI는 다양한 방식으로 공공 안전 리소스로 연구되고 있다. 영상 및 이미지 분석은 감시 카메라나 CCTV에서 수집된 영상을 AI로 분석하여 특정 인물이나 차량을 빠르게 식별하고 추적할 수 있다. 용의자를 추적하거나 차량 번호판을 인식하는 기술들이 포함된다. 정보 분석가는 종종 얼굴 이미지에 의존하여 개인의 신원과 위치를 파악하는데, 정확하고 시기적절한 방식으로 관련성이 있을 수 있는 방대한 양의 이미지와 비디오를 검토하는 것은 시간이 많이 걸리고 힘든 작업이며 피로 및 다양한 요인으로 인해 인적 오류가 발생할 가능성이 있다(NIJ, 2018). 인간과 달리 기계는 지치지 않는다는 장점이 있다. 영상 및 이미지 분석은 형사 사법 및 법 집행 기관에서 사람, 사물 및 행동에 대한 정보를 얻어 형사 수사를 지원하는 데 사용된다. 이 분야는 이러한 정보를 처리할 수 있는 지식을 가진 전문 인력의 수가 제한되어 있기 때문에 인간적 오류나 실수가 발생하기 쉽다. 하지만 AI 기술은 이러한 인간의 오류를 극복하고 전문적 능력을 제공한다. 인간을 돕는 기존의 소프트웨어 알고리즘은 얼굴 인식을 위한 눈 모양, 눈 색깔, 눈 사이의 거리 또는 패턴 분석을 위한 인구 통계 정보와 같은 미리 정해진 특징으로 학습이 제한된다. AI 영상 및 이미지 알고리즘은 복잡한 작업을 학습할 뿐만 아니라 인간이 고려할 수 있는 것 이상으로 자체적으로 독립적인 복잡한 얼굴 인식 기능과 매개변수를 개발하고 결정한다. 알고리즘은 얼굴을 일치시키고, 무기 및 기타 물체를 식별하고, 사고 및 범죄와 같은 복잡한 사건을 감지할 수 있는 잠재력이 있다(송진순, 2022). 현재는 형사 사법 및 법 집행 기관의 요구에 부응하여 데이터 수집, 이미징 및 분석의 속도, 품질 및 구체성을 개선하고 상황에 맞는 정보를 개선하기 위해 여러 분야와 협업하고 있다(Phillips, 2017). 특히 범죄와 사물 인터넷이 상호 연결된 기술인, 미국의 RTIC(Real-Time Intelligence Center)는 번호판 판독기, 총기 감지 센서, 비디오 초인종 카메라 데이터, 도시 및 기업 보안 비디오, 경우에 따라 드론 영상에 액세스할 수 있다(policeone, 2023). 또 국가 범죄 정보 센터, 범죄자 및 피해자에 대한 내부 데이터베이스, 전자 모니터링 시스템, 안면 인식 소프트웨어, 컴퓨터 지원 파견 데이터 및 소셜 미디어 등에도 연결이 가능하다. 교통 신호등은 폭력 범죄에 대응하도록 설정할 수 있고, 인근 경찰서나 차량은 신속한 정보 공유를 통해 용의자나 차량을 보다 빠르게 찾을 수 있다. 실시간 정보 모니터링을 통해 법 집행관은 보디캠, 경찰관의 건강 수치, 공공 기록, 소셜 미디어 콘텐츠, 안면 인식 소프트웨어 등의 빅 데이터를 통합할 수 있다. 데이터를 수집하여 행동을 유도하는 것을 행동인터넷(Internet of Behaviors, IoB)이라 한다. 조직이 캡처하는 데이터의 양뿐만 아니라 서로 다른 소스의 데이터를 결합하여 사용하는 방법도 개선됨에 따라 IoB는 조직과 사람이 상호작용하는 방식에 지속적으로 영향을 미칠 것이다(송진순, 2022). 그뿐만 아니라 온라인 공공 기록 데이터베이스와 같은 디지털 도구를 통해 수사관 및 기타 법 집행관이 업무를 보다 효율적으로 수행할 수 있다.

행동 패턴 분석

AI는 소셜 미디어, 통화 기록, 이메일 등 다양한 데이터 소스를 분석하여 특정 인물의 행동 패턴을 예측하고, 잠재적인 범죄 계획을 사전에 감지할 수 있다. 이 기술은 테러 활동이나 대규모 범죄를 예방하는 데도 사용된다. 진행 중인 범죄 활동의 이미징 및 식별과 대조적으로, 카메라 네트워크에서 활동을 평가하고 새로운 의심스럽고 범죄적인 행동을 예측하기 위한 지속적인 모니터링을 제공하는 알고리즘을 개발해, 여러 카메라와 이미지를 통해 용의자를 식별하고 의복, 골격 구조, 움직임 및 방향 예측 등 다각도로 분석하는 데 사용한다.

피해자 및 용의자 프로파일링

AI는 수사 과정에서 수집된 데이터와 패턴을 기반으로, 피해자와 용의자의 심리적, 사회적 프로파일을 생성해 수사를 돕는다. AI 기반의 면담 분석도 범죄자를 탐지하는 데 도움을 줄 수 있다. 장면 이해 개념, 즉 일련의 이미지에서 객체(사람, 장소, 사물) 간의 관계를 설명하는 텍스트를 개발하여 맥락을 제공하는 능력도 탐구되고 있다. 인간의 개입 없이 사람, 자동차, 무기, 건물과 같은 비디오의 객체를 식별하는 알고리즘을 개발하고 있다. 교통사고 및 폭력 범죄와 같은 행동을 식별하는 알고리즘 또한 개발하고 있다.

과학수사−DNA 분석

1980년대 후반 도입된 이래로, 법의학적 DNA 증거는 형사 사법 분야에서 게임 체인저 역할을 하고 있다. 미제 사건을 해결하는 데 유용할 뿐만 아니라 잘못된 유죄 판결을 받은 수감자가 재심에서 무죄를 선고받는 데도 유용하다. 오늘날 AI는 법의학 연구실에서 이전에 사용할 수 없었던 저수준, 저하된, 실행 불가능한 DNA 증거를 탐지하고 처리할 수 있다. 극히 소량의 DNA를 탐지하고, 사용 가능한 DNA를 추출하는 능력까지 발휘하고 있다. 여러 DNA 탐지 관련 문제를 해결하기 위해 데이터 마이닝 및 AI 알고리즘은 방대한 양의 복잡한 데이터를 해독해 궁극적으로 개별 DNA 프로필을 분리하고 식별할 수 있다.

　DNA 프로파일링은 독특한 유전적 구성을 기반으로 개인을 식별하는 데 사용할 수 있는 최첨단 절차다. 사람들은 눈동자와 머리 색깔이 같고 얼굴 특징이 비슷할 수도 있지만, DNA는 같지 않다. 즉, 이 과정은 범죄 수사를 보다 정확하게 하는 데 유용하다. 법의학자들은 범죄 현장에서 발견된 DNA(예: 혈액이나 머리카락)를 용의자로부터 채취한 DNA 샘플과 비교하고, 일치하지 않으면 용의자를 배제할 수 있다. 이러한 기술은 지난 수십 년 동안 형사 사법 제도를 혁신하여 범죄자를 거의 확실하게 식별할 가능성을 높였다. 사람의 피부나 머리카락 뿌리에서 나온 소수의 세포, 또는 혈액, 타액, 정액과 같은 체액에서 나온 세포만 있으면 고유한 DNA 프로필을 구축할 수 있다. DNA는 종종 경찰 조사 중에 범죄 현장에서 발견되며, 자발적으로 사건 관련자에게 DNA 샘플을 제공하도록 요청할 수 있다. 강력한 증거가 있는 경우 법원은 용의자에게 DNA 샘플을 제공하도록 명령할 수 있다. DNA 프로파일링의 첫 번째 인정 사례는 콜린 피치포크(Colin Pitchfork)의 경우였다. 1986년, 돈 애슈워스(Dawn Ashworth)라는 소녀가 영국 레스터에서 성폭행을 당하고 살해당했는데 범인은 콜린 피치포크라는 남성이었다. 피치포크의 DNA를 검사했을 때, 그것은 범죄 현장의 DNA와 일치했다. 그는 1988년 1월에 종신형을 선고받았다.

DNA 기술이 발전함에 따라 DNA 분석의 민감성도 향상해 저수준, 저하된 또는 실행 불가능한 DNA 증거도 감지하고 처리할 수 있게 되었다. 예를 들어, 성폭행 및 살인 미제 사건과 같은 폭력 범죄의 수십 년 된 DNA 증거가 이제 분석을 위해 실험실에 제출되고 있다. 민감성이 높아진 결과 AI는 더 적은 양의 DNA도 감지할 수 있다. AI 기술 사용은 복잡한 분석을 지원할 수 있는 잠재력이 있지만 지속적인 평가가 필요하다.

민원 응대와 편의를 위한 챗봇

디지털 기반인 모바일 앱, 챗봇, 음성 비서, AR/VR 등의 증강 경험을 아울러 다중 경험(Multiexperience)이라 부르는데 사용자 경험을 통합하여 복잡한 문제의 대안을 제시하고 혁신 방법을 제공하며 새로운 서비스를 창출할 수 있다. 시대 흐름에 따른 경찰의 민첩하고 정확한 조직 기동력과 소통을 위한 AI 기술로 2019년 가트너 (Gartner)는 자율 사물(Autonomous Things), 증강 분석 (Augmented Analytics), 인공지능 주도 개발(AI-Driven Development), 몰입 경험(Immersive Experience) 등 대화형 플랫폼 형태가 경찰 역량을 강화해 줄 것이라 예상했다(송진순, 2022). 그리고 AI 얼굴 정보 인식 기술, 지능형 범죄 위험도 예측 기술 , 치안 민원 응대 폴봇이 주요 기술로 범죄 예방에 이용될 것이라 밝혔다(ETRI, 2017).

경찰 가상 비서 챗봇

지역 주민들은 때때로 즉각적인 도움이 필요하여 112, 119, 110을 이용하여 긴급하게 경찰에 신고한다. 이들 중 긴급하고 생명에 위협이 느껴지는 사건 사고 신고도 많지만, 대다수는 무장 경찰의 대응보다 훨씬 낮은 수준의 도움을 필요로 한다. 응급성이 있는 사고 사건에 신중하고 신속하게 경찰의 대응력을 적재적소에 배치하는 것은 형사 집행 기관이 업무 효율성을 높여 우수한 대민 서비스를 제공할 수 있게 한다. 무장 경찰을 필요로 하는 곳에 출동할 때를 대비하여 고도 위험 대응 훈련과 학습을 할 수 있는 여력도 마련된다. 시민들 요구 사항의 위

표 2-1. 경찰 사용 챗봇 종류와 목적 및 소통 효용성

챗봇의 종류	사용 목적	소통 효용성
미 LAPD Chip	경찰 모집 지원 위임	인력 활용의 융통성 및 효율성 증대, 질 높은 경찰 업무에 몰두
미 NYPD 성매매 방지 챗봇	성매매 방지 캠페인(메시지 발송)	예측 및 감시 치안으로 범죄 예방
풀봇(멀티턴 기술)	민원 응대	비용 절감, 업무 경감, 생산성 향상, 노동 환경 개선, 시민 만족도 향상
성범죄 피해자 상담 챗봇 (하이브리드 챗봇)	성폭력 및 범죄 피해자 상담 및 신고 유도와 간이 조서 작성	피해자의 심리적 안정 및 보호, 피의자 특정에 시간 절약과 증거 확보, 신속한 법적 절차 안내로 인한 비용 절감, 업무 경감, 자원 할당 문제 해결, 공공 서비스 제공 및 시민 만족도 향상
경남 메타버스 경찰청	성범죄, 이주 여성, 가정폭력 등 상담 및 수사 요청	이주민의 의사소통 어려움 해결, 피해자 보호, 세대 맞춤형 소통 창구 제공을 통한 비용 절감, 업무 경감, 자원 할당 문제 해결, 공공 서비스 제공 및 시민 만족도 향상
국민비서 '구삐'	대한민국 정부로부터 각종 안내나 고지 등을 모아서 휴대전화로 알림을 받고, 챗봇이나 민원 상담을 이용, 인공지능 스피커로 민원 사무 안내	비용 절감, 업무 경감, 생산성 향상, 새로운 고용 기회 창출, 자원 할당 문제 해결, 공공 서비스 제공 및 시민 만족도 향상

출처: 송진순(2022), 지역경찰의 인공지능 챗봇 도입을 통한 공공소통 증진과 신뢰도 향상 방안 연구

험 수준, 긴급성에 따른 우선순위를 정해 단계별 대응을 어떻게 할지 상담 중에 AI 챗봇이 판단한다. 지역 기관이 강화된 AI 기술 시스템으로 전환함에 따라 이상적인 대화형 챗봇 시스템은 중요한 데이터를 수집할 뿐만 아니라 주민과 경찰 간의 관계 개선을 이끄는 가교 역할을 할 것이다. 이 시스템은 지역 경찰이 출동할 수 있도록 조치를 취하고 담당자를 찾아 연결해 주어 전문적인 정보를 얻을 수 있도록 안내한다(송진순, 2022). 하지만 축적되지 않거나 데이터로 입력되지 않은 정보, 자연어 처리 능력 부족 등이 지적되는바, 가비지 인, 가비지 아웃(garbage in, garbage out)이라 설명될 수 있는 한계는 존재한다. 즉, 챗봇은 가진 능력만큼만 질문에 대답할 수 있다. 경찰이 AI 가상 비서를 도입하여 온라인 보고 시스템을 커뮤니티 친화적으로 설계하여 데이터 수집에 더 잘 활용한다면 즉시 파견이 필요한 위기를 식별하고, 더 나은 서비스를 제공하기 위해 적절한 답변을 제공하고, 정보 주도 치안 및 공공 안전을 위한 우수한 데이터로 답변을 분류할 수 있다(Douglas, 2018).

지능형 로봇 경찰

최근 몇 년 동안 전국의 경찰서는 공공 안전과 효율성을 강화하기 위해 디지독과 같은 전술 로봇을 비롯한 첨단 기술을 활용하고 있다. 바리케이드를 치거나 무장한 용의자 대치와 같은 고위험 상황에 배치되며, 스마트 기술을 활용하여 인간 경찰에 대한 위험을 줄이는 것을 목표로 한다. 경찰 로봇은 정지, 체포 및 기타 극심한 상황을 덜 위험하게 만들기 위해 설계되었다. 감시부터 사고 현장의 잔해 청소, 심지어 폭탄 터뜨리기까지 모든 면에서 지원한다. 예를 들어 2019년 방화범과의 대치 상황에 안전하게 대응하기 위해 캘리포니아주 노바토 경찰은 인간 경찰 대신 로봇을 보내 협상을 위한 휴대전화를 전달했다. 과속 딱지를 끊고 거리를 순찰하는 것부터 무장한 용의자를 제압하고 폭탄을 해체하는 것까지, 로봇은 노동과 생명을 모두 구할 수 있는 효과적인 범죄 퇴치 혹은 방어의 도구가 되고 있다. 하지만 프라이버시와 경찰의 잠재적 군사화에 대한 논쟁에 대해 대중의 많은 반대에 미 경찰은 로봇 사용에 신중한 입장을 취하고 있다.

순찰 로봇

미 뉴욕시와 뉴욕 경찰청은 나이트스코프(Knightscope) K5 보안 로봇 서비스를 사용하여 타임스 스퀘어 역을 순찰하는 시범 프로젝트를 시작했다. 이 시범 프로젝트의 운영은 인간 경찰이 범죄를 억제하고 퇴치하는 데 도움이 되도록 하기 위함이다. 시범 운영 기간 동안 로봇은 인간 경찰관과 함께 역을 순찰하지만 플랫폼은 순찰하지 않는다. K5는 360도 카메라로 넓은 지역을 모니터링할 수 있다. 로봇은 영상을 촬영하지만 오디오를 녹음하거나 얼굴 인식을 사용하지는 않는다. 도움이 필요한 사람은 언제든지 로봇의 버튼을 눌러 NYPD에 즉시 연락할 수 있다. K5 로봇은 운영자가 의심스러운 인물에 대한 정보를 수집하는 효과적인 방법이 될 수 있다. 순찰 현장의 라이브 영상을 연결된 스마트폰과 PC에 공유할 수 있다. K5에는 사람이나 물체에 부딪히지 않도록 사람 감지에 유용한 많은 카메라와 센서가 있다. 야간 혹은 활동이 금지된 지역에 근무 시간 외에 사람이 감지되면 내장된 PA 스피커를 통해 경고를 내린다. 또 의심스러운 개인의 번호판이나 전화 신호를 감지하면 보안에 경고하도록 설계된 면허 인식 및 신호 감지 시스템을 갖추고 있다. 2016년에 K5 로봇이 쇼핑몰에서 유아를 쓰러뜨려 사고로 이어지게 한 일, 또 다른 K5가 분수대에 돌진하여 자살 다이빙이라는 별명이 붙기도 하는 등의 문제가 발견됐다. 나이트스코프의 조사에 따르면 알고리즘 실수가 원인이라고 주장하지만, 자율 기계에 대한 불신 수

준은 여전히 높고, 사람들은 자신이 감시받고 있다는 사실에 대해 불쾌해하기도 한다.

로봇 개

로봇 개(robot dog)는 주로 기술 연구, 보조 도구, 엔터테인먼트, 보안 등의 목적으로 개발된 4족 보행 로봇이다. 물리적 형태나 기능 면에서 실제 개를 모방하거나, 다양한 목적을 위해 특수한 기능을 제공할 수 있다. 경찰의 로봇 견 사용은 다양한 임무에서 인간 경찰관의 역할을 보조하거나 위험한 상황에서 안전하게 임무를 수행하기 위한 방편으로 점차 확대되고 있다. 특히 미국과 일부 선진국에서는 로봇 견을 경찰 업무에 도입해 여러 임무를 수행하는 실험이 이루어지고 있다. 로봇 개가 경찰 업무에서 사용되는 주요 실태는 다음과 같다.

　1. 위험 지역 탐사 및 정찰: 폭발물 해체 작업이나 의심스러운 물체를 탐지하는 데 사용된다. 사람이나 훈련된 개가 직접 접근하기에 위험한 상황에서, 카메라와 센서를 사용해 폭발물 위치를 파악하고, 처리할 수 있다. 인질극이나 총격 상황에서 경찰이 현장에 직접 진입하기 전에 로봇 개를 보내 현장 상황을 파악한다. 카메라를 통해 실시간으로 영상을 전송하고, 인질이나 범인의 위

치를 경찰에게 알릴 수 있다.

2. 범죄 현장 분석 및 증거 수집: 범죄 현장에서 직접 증거물을 수집하거나 분석에 도움을 줄 수 있는 도구로 사용된다. 예를 들어, 사건이 발생한 건물이나 차량에 접근하여 사진을 찍거나, 특별한 센서를 통해 화학물질이나 독성 물질의 존재를 탐지할 수 있다. 범죄 현장의 위험성을 평가하거나 안전한 경로를 제공하는 데도 사용되며, 특히 폭발물이나 화학적 위험이 있는 경우에 활용된다.

3. 군중 통제 및 감시: 대규모 시위나 폭동 상황에서 경찰이 군중을 제어하고 상황을 모니터링하기 위해 사용할 수 있다. 열화상 카메라, 음향 장비, 경고 신호 등을 탑재하여 군중의 움직임을 추적하고 경찰에게 경고를 보낼 수 있다. 또 감시 카메라처럼 지속적인 순찰 기능을 수행할 수 있다. 주로 대형 행사장, 공항, 공공장소에서 범죄를 예방하고 사고를 감시하는 데 사용된다.

4. 수색 및 구조: 사람이나 훈련된 탐지견이 접근하기 어려운 지역에서 실종자를 수색하는 데 유용하다. 험난한 지형, 붕괴된 건물, 어두운 환경에서 센서를 통해 사람을 탐지하고 구조 활동을 돕는다. 경찰이 주도하는 재난 대응에서도 적극적으로 사용된다. 구조대가 진입하

기 힘든 지역에서 초기 탐색과 생존자 확인 역할을 한다.

5. 법 집행과 무인 기동 장치: 비무장 상태의 범인에게 접근하고, 그를 제압하거나 경찰이 접근하기 전에 상황을 진정시키는 역할을 할 수 있다. 로봇 개에 비살상 무기를 장착하는 실험도 이루어지고 있다. 경찰관이 직접 투입되기 위험한 현장에 투입되어 범죄자를 추적하거나 물리적 제압을 지원하는 등의 임무를 수행한다(EPNC, 2024).

그러나 논란이 되는 지점은 여전히 존재한다. 로봇 개에 장착된 카메라와 센서가 지나치게 시민의 일상을 감시하거나, 경찰의 과잉 대응을 부추길 수 있다는 우려가 제기된다. 많은 시민이 로봇의 등장에 불안감을 느끼고, 특히 무인 기동 장치의 활용에 따른 윤리적 문제에 대한 논쟁이 지속되고 있다. 높은 가격과 유지보수 비용 또한 주요한 논쟁거리다. 실질적으로 경찰 업무에 필수인지에 대한 원론적 논의도 있다.

킬러 로봇, 경찰 무기 시스템

다양한 AI 기반 시스템과 로봇 기술이 경찰 업무에서 점차 도입되고 있다. 킬러 로봇과 유사한 경찰 무기 시스템(Lethal Autonomous Weapons Systems, LAWS)도 킬러 로봇으로 분류된다. AI와 자율적인 무기 시스템을 통해 인간의 개입 없이 스스로 목표를 선택하고 공격할 수 있는 무기 시스템을 의미한다. 이는 기술 발전과 함께 군사적 사용에 대한 논란이 제기되고 있는 분야다. 센서, AI, 데이터 분석 기술을 활용하여 인간이 개입하지 않더라도 작동 가능하다. 킬러 로봇은 프로그래밍된 알고리즘을 통해 적군의 위치나 활동을 분석하고, 군사적 표적을 선정해 공격하는 방식으로 작동한다. 또 인간이 직접 참여하지 않는 전투 상황에서 사용될 수 있으며, 공중, 해상, 지상에서 다양하게 운용 가능하다. 경찰에서는 아직이 정도로 공격적인 AI 무기 시스템은 사용되지 않고 있다. 그러나 비살상 무기나 원격 무장 시스템에 AI 기술이 접목된 사례가 있다.

비살상 무기 및 원격 조종 로봇

테이저(Taser): 경찰이 사용하는 비살상 무기인 테이저에 AI 기반의 시스템이 추가되어, 원격으로 통제하거나 안전하게 대상을 무력화하는 기술이 개발되고 있다. 테이저는 범인을 안전하게 제압할 수 있도록 비살상 전기 충격을 가하는 무기인데, AI 기술을 통해 자동으로 적절한 대상에게 대응할 수 있는 시스템이 결합될 수 있다.

폭발물 제거 로봇: 미국을 비롯한 여러 국가의 경찰은 원격 조종 가능한 폭발물 제거 로봇을 사용한다. 인간이 접근하기에 위험한 폭발물이나 위험한 물체를 탐지하고 해체할 수 있으며, 자율적인 기능이 강화된 최신 로봇은 AI를 통해 주변 환경을 분석하고 최적의 경로를 스스로 선택할 수 있다.

자동화된 무인 감시 및 보안 드론

드론(Drone): 경찰은 AI 기술이 탑재된 드론을 사용해 범죄 현장을 감시하고, 실시간 데이터를 수집하며 추적 작업을 수행한다. 드론은 공중에서 범죄자나 용의자의 위치를 파악하고, 경찰관에게 신속한 대응 정보를 제공하는 역할을 한다. 일부 드론은 특정 지점에 도달한 후 자동으로 행동을 취할 수 있다.

자율 보안 로봇: 군사용 킬러 로봇과는 다르게, 경찰의 보안 로봇은 대개 비살상 목적으로 사용되며, 폭동 진압이나 대규모 군중 관리 등에 사용된다. 로봇은 비살상 장비를 갖추고 군중을 통제하거나 경고 메시지를 전달할 수 있으며, 일부 로봇은 후추 스프레이나 음향 장비를 탑재해 군중을 제지하는 역할을 한다.

지상 로봇: 보병 지원, 정찰 임무를 수행하는 로봇들

이 개발되고 있으며, 일부는 자율적으로 목표를 공격할 수 있는 능력을 탑재하고 있다.

해상/잠수함용 자율 무기: 해상 및 수중에서 자율적으로 작동하는 킬러 로봇도 개발 중이다.

이미 일부 국가에서는 자율 무기 시스템을 실험적으로 사용하고 있다. 예를 들어, 드론 공격 시스템은 테러리스트나 군사 목표물에 대해 원격으로 사용되고 있으며, 자율 공격 로봇의 개발도 진행 중이다. 군사 기술과 AI의 융합이 가속화하면서, 킬러 로봇의 개발과 사용 가능성은 더욱 높아지고 있다. 다만 AI의 판단력과 의사 결정을 얼마나 신뢰할 수 있을지는 여전히 논의 중이다. 윤리적인 우려들도 예외는 아니다. AI 기반 감시 시스템이 로보캅처럼 전방위적인 감시와 치안을 유지하는 과정에서 시민들의 사생활이 침해될 수 있다. 킬러 로봇의 개념과 유사한 자율 무기 시스템이 군사용으로 개발되고 있지만, 인간의 판단이 배제된 무기 시스템은 오작동 시 민간인을 해칠 가능성이 있고, 비례성 원칙에 맞지 않는 과도한 대응을 할 위험이 있다. AI가 실수를 하거나 편향된 데이터를 기반으로 잘못된 판단을 내릴 가능성도 존재한다. 현재 킬러 로봇에 대한 국제 규제 또한 미흡하다. 일부 국가와 단체는 킬러 로봇의 개발과 사용을 금지하

표 2-1. 실제 사용 사례 및 용도

로봇 견 사용 사례	용도
뉴욕 경찰국(NYPD) 스팟(Spot)	2021년 도입 후 일시 중단. 순찰 및 정찰 임무에 활용, 폭발물 의심 물체 조사나 범죄 현장 정찰에 사용
매사추세츠주 경찰, 로스코	경찰 폭발물 처리반은 무장 대치 상황 관리
미시간 테일러(Taylor) 경찰서, '라드독(RADDOG)'	생명을 구하고, 부상을 예방하고, 경찰이 치명적인 힘을 포함한 심각한 힘을 사용하지 않도록 예방
텍사스 휴스턴 경찰서의 로봇견 스팟(SPOT)과 할(Hal)	경찰청 전술 작전부는 최근 고위험 작전에서 안전성과 효율성을 강화
플로리다 마이애미-데이드 경찰청 특수대응팀, 스팟(SPOT)	바리케이드된 대상과 인질 구출 사건에서 경찰을 위험에 빠뜨리는 것보다 귀중한 정보를 얻기 위해 기술을 도입
하와이 호놀룰루 경찰청의 로봇 파트너	인도적 목적으로 응급 대응자의 전염 위험을 최소화했으며, 공중 보건 노력에 혁신적인 기술
싱가포르 경찰, 로봇 견	사회적 거리 두기를 모니터링하거나, 대규모 군중이 모인 장소에서 사람들의 안전을 점검

는 법적 규제가 필요하다고 주장하고 있으나, 아직 명확한 합의에 도달하지 못한 상황이다.

현재로서 완전 자율 킬러 로봇이나 로보캅과 같은 형태의 경찰 시스템은 기술적, 윤리적 한계로 인해 제한적인 방식으로만 도입되고 있다. 완전 자율 경찰 로봇이 인간 경찰관을 대체할 수 있는 시대는 아직 오지 않았으며, 경찰 활동의 보조적 역할로 AI와 로봇 기술이 활용되는 단계다. 현실에서는 비상상 목적의 보안, 감시, 폭발물 처리 및 예측 경찰 활동에서 AI와 로봇이 사용되고 있다. 하지만 킬러 로봇을 금지하자는 움직임은 국제적으로 확산되고 있는데 '킬러 로봇 중단(Stop Killer Robots)'이라는 이름의 글로벌 캠페인은 킬러 로봇의 개발과 사용을 전면 금지할 것을 촉구하며, 유엔을 비롯한 국제기구에서도 이 문제에 대한 토론이 진행되고 있다. 로보캅이 미래 사회에서 기술과 인간의 융합을 통한 경찰의 역할을 탐구하는 상징적인 캐릭터라면, 킬러 로봇은 현실에서 실제로 존재 가능성이 커지고 있는 무기 시스템으로, 윤리적·법적 논란을 일으키고 있다.

참고문헌

송진순(2022). 지역경찰의 인공지능 챗봇 도입을 통한 공공소통 증진과 신뢰도 향상 방안 연구 ≪경찰학연구≫, 22(1) 239~270. DOI : 10.22816/polsci.2022.22.1.011

EPNC(2024.5.28). 반려동물이 배달, 사격까지? 로봇개 어디까지 가능할까.
https://www.epnc.co.kr/news/articleView.html?idxno=301233

ETRI(2017). 빅데이터가 범죄예방하는 세상.

≪사이언스테크놀로지≫, 58-59.

A Hybrid Machine Learning Approach for DNA Mixture Interpretation at Syracuse University, NIJ award number 2014-DN-BX-K029.

Douglas, T.(2018.2.20). Los Angeles Chatbot Deputized to Help with Police Recruitment. *Government Technology.*

Maryville univ(2019.12.31). How Is DNA Profiling Used to Solve Crimes?
https://online.maryville.edu/blog/how-is-dna-profiling-used-to-solve-crimes/

Master's in AI(2024). Artificial Intelligence in Criminal Justice
https://www.mastersinai.org/industries/criminal-justice/#The_Future_of_Artificial_Intelligence_in_Criminal_Justice

National Science and Technology Council and the Networking and Information Technology Research and Development Subcommittee(2016.10). The National Artificial Intelligence Research and Development Strategic Plan(pdf, 48 pages), Washington, DC: Office of Science and Technology Policy,

NIJ(2018). Using Artificial Intelligence to Address Criminal Justice Needs.
https://nij.ojp.gov/topics/articles/using-artificial-intelligence-address-criminal-justice-needs#note4

Phillips, P. J.(2017). A Cross Benchmark Assessment of a Deep Convolutional Neural Network for Face Recognition. paper presented at the 12th IEEE International Conference on Automatic Face & Gesture Recognition, 705-710.

Policeone(2023.1.24). How AI can help law enforcement agencies solve crimes faster.
https://www.police1.com/police-products/police-technolo

gy/articles/how-ai-can-help-law-enforcement-agencies-solve-crimes-faster-xg3GdkdLJnzcXVQ3/

03
로봇의 법적 지위와 법 집행

책임은 행동의 주체가 아닌, 그것을 설계하고
사용하는 인간에게 귀속된다. 로봇이 법 집행
과정에 참여할 때, 그 법적 지위와 책임은
어떻게 정의될까? 로봇이 의사 결정자로 나설
경우, 그 판단의 기준과 윤리적 한계는 어디까지
설정해야 할까? 특히 잘못된 판단이 발생했을
때 책임 소재는 프로그래머, 사용자, 아니면
로봇 자체에 있을까? 이 장에서는 로봇의 법적
지위와 의사 결정자로서의 역할을 중심으로,
법률적 · 윤리적 과제를 고찰한다.

로봇은 인간인가 사물인가

지능형 자율 시스템(intelligent autonomous systems, IAS)에 대한 가장 큰 우려는 로봇 경찰의 의사 결정과 법 집행에서 무기 소유 및 사용의 정당성에 관한 것이다. 보호(protective)라는 경찰의 임무와 방어(defensive)라는 군사적 목적과는 서로 다른 윤리적 기준이 반영될 수밖에 없다. 그러나 상황에 관계 없이 경찰 치안 활동은 개인의 인권, 특히 생명권 존중에 의해 도덕적, 근본적으로 규제받는다. 치안(policing)은 자유주의적 개념에 따라 인권이 보편적이라고 가정하고 통치되어야 한다. 전 세계의 많은 반민주주의 사회에서 치안 유지는 구성원을 보호하고 봉사하는 것이 아니라 인구의 (폭력적인) 지배를 지향한다는 점을 간과할 수 없다. 즉, 시민을 동등하게 존중할 수 있는 민주적 권한에 대한 개념보다 이들을 배치하는 지배 엘리트에게만 봉사하고 이들만을 보호한다는 것을 의미할 수도 있다. 이렇듯, 비윤리적인 로봇 경찰의 무력 사용은 향후 이러한 양상의 발생 가능성을 높일 수 있고, 범죄자에게 안전과 익명성을 제공할 수 있고, 또 다른 범죄 가능성을 위한 길을 열어 주어 새로운 유형의 범죄가 활개 칠 수 있다. 과연 로봇을 어떻게 규제할 수 있을까? 로봇은 인간일까? 사물일까?

기술 선진국인 미국과 유럽은 발 빠르게 로봇과 AI 규제 마련에 나섰다. '인간이 인간을 위해 만든 로봇이 결국에는 인간을 위협한다'는 '로봇 디스토피아'의 경고를 무시하기 힘든 조짐들이 나타나면서·속도가 붙었다(서울경제, 2017). 이들 국가에서는 로봇이 초래한 피해에 대해 엄격한 책임원칙을 적용하고자, 로봇에 전자 인간의 법적 지위를 부여하고, 로봇이 잘못해서 발생한 손해에 대한 보상과 로봇이 자율적으로 의사 결정한 사건 등에 대해 책임을 부여할 수 있게 했다. 또 로봇을 제작할 때 '킬 스위치' 장착을 제안, 설계자가 오작동 로봇을 직접 멈출 수 있게 하고 있다. 구체적으로 경찰은 무력과 강압에 대한 의사 결정 권한을 로봇에 얼마나 위임해야 하고, 로봇 경찰에 의해 일시적으로 구금된 용의자가 로봇에게 총을 쐈을 때 로봇이 반격하여 용의자를 다치게 하거나 죽인다면 법적으로 변호할 수 있는지 혹은 법에 따라 로봇과 제작자, 혹은 담당 지역 경찰, 경찰청장, 과연 누구에게 어떤 책임을 지울 수 있고, 어떤 형벌이 과연 이들에게 적당한 처벌과 징계로 인정될 수 있을지에 관한 법적 규정과 규제가 필요하다. 미국에서 인간 경찰은 적절한 상황에서 법적으로 폭력, 심지어 치명적인 폭력을 행사할 수 있다. 체포, 중지 또는 기타 구금의 맥락에서 경찰의 치명적인 무력 사용의 근거는 수정헌법 제4조에 따른 "객관적 합리성"의 기준에 따라 판단된다. 즉, 치명적인 무력은 용의자가 "경찰이나 다른 사람에게 심각한 신체적 상해를 가할 위험을 가하는" 상황에서 사용될 수 있다. 하지만 로봇 경찰에게는 법적으로 허용되는 무력 사용과 허용되지 않는 무력 사용을 구별하는 의사 결정이 단순한 일이 아니다. 긴장되고 불확실하며 빠르게 진화하는 상황에서는 순식간에 판단을 내려야 한다는 현장의 속성에 따라 경찰관의 합리성과 경험의 관점에서 판단되어야 타당하다(송진순, 2023).

로봇을 무엇으로 바라볼 것인가

우선 '물건'이라는 개체로 보는 경우, AI 로봇 경찰의 행위에 따른 사고가 야기되었다면, 이를 운영하는 주체의 운영상 문제로 사고가 발생된 경우로 보고, 운영자에게 책임을 묻게 된다. 운영상의 문제가 아닌 제조자의 책임이 있는 경우라면, 제조물 책임으로, 제조물책임법상 제조물 책임을 묻기 위해서는 AI 로봇 경찰이 '제조물'에 해당되어야 한다. 현재의 인공지능이 약한 인공지능 상태로 아직 자율적인 판단 능력과 사고를 갖추지 못하고 있기 때문에 AI 로봇을 물건과 같이 취급하고자 하는 견

해는 유효하나, AI 로봇을 물건과 같이 취급한다면 형사
법적으로는 범죄 주체성을 부정하는 것이 되어 AI 로봇
이 범죄를 범한다고 하더라도 AI 로봇에게 명령을 한 사
람만 처벌할 수 있을 뿐이지 AI 로봇 자체에 대해서는 처
벌을 할 수 없게 된다(김종호, 2018). 로봇 자체만으로
제조물로 평가하는 것이 무리는 없지만, 이를 운영하게
하는 원천인 시스템 또는 소프트웨어가 제조물인지는
여전히 견해가 나뉘고 있다. 또 생성 AI의 등장으로 딥러
닝이 가능해지면서 로봇을 일종의 물건으로 취급하기에
무리가 있어 보인다.

하지만 자율성을 갖춘 AI 로봇 경찰은 동산의 일종이
며, 제조물로 보는 것이 타당하다. 왜냐하면 AI 로봇 경
찰은 내면(시스템 또는 소프트웨어)과 외면(로봇)이 하
나로 이루어진 것이며, 내면에 작동하는 시스템에 문제
가 생기면 곧 로봇 경찰의 의사 결정 혹은 행동에 문제가
발생하기 때문이다. 따라서 자연인에게 한정된 책임 추
궁을 법인에게로 확장하는 방안이 필요하다. AI 로봇 경
찰을 인간과 동일시하거나 새로운 개체로 인정하여 권
리주체로 설정해야 한다. 이미 유럽연합에서는 전자인
간으로 지위를 부여하여 특정한 권리와 의무 능력을 가
진 것으로 보고 있다. 기술 측면에서 소셜 로봇 지보, 소

프트뱅크의 로봇 페퍼, 치매 노인을 위한 로봇 파로 등의 AI 로봇은 사람이 다른 사람의 감정을 읽는 것처럼 인간의 표정과 몸짓에서 감정을 유추할 수 있다 최근 영화 〈어벤져스〉에서는 인간을 능가하는 초능력과 지적 능력을 지닌 AI 로봇 비전이 여성과 연인이 되는 경우도 볼 수 있었다. 이제 감정은 사람의 전유물이 아니라는 것을 알 수 있으므로 감정의 유무로 인간과 비인간을 구별하는 데에는 무리가 따른다고 볼 수 있다. 도덕적 판단력 측면에서는 사람 역시 상시적으로 도덕적 판단 능력으로 생활한다고 보기 어렵기 때문에 AI 로봇에게도 과잉된 높은 도덕적 판단력을 요구하기는 어려울 것이다. AI 로봇 소피아는 재난 현장에서 노인과 아이 중 한 명만 구조할 수 있다면 누구를 구조하겠느냐 하는 질의에 엄마와 아빠 중 누가 더 좋냐 하는 정도의 어려운 문제라고 하며 자신에게는 윤리 프로그램이 없으니 가까이에 있는 사람을 구조하겠다고 답한 바 있다. 이것은 나름의 기준에 따른 도덕적 판단이라고 볼 수 있다(김도식, 2018). 따라서 현재의 AI 로봇은 초보적인 도덕적 판단력을 갖춘 것으로 볼 수 있다(이규호, 2020).

로봇의 법적 지위

보도로 다니며 배달, 순찰, 청소 등을 하는 실외 이동 로봇의 상용화가 눈앞으로 다가오면서 사고가 났을 때 책임 소재와 조치 사항을 규정하기 위한 법제도 정비가 필요한 시점이다. 오늘날의 로봇 산업은 인공지능, 사물인터넷, 5G, 빅데이터, 자율주행, 클라우드 컴퓨팅 등 4차 산업혁명 주요 기술들과 융합하면서 빠른 성장세를 보이고 있다. 특히, 로봇 배송이 핵심 응용 분야인 유통업에서는 소비자에게 상품이 전달되는 최종 단계를 '라스트 마일(Last Mile)'이라고 부른다. 비용을 줄이기 위한 배송 로봇 개발이 빠르게 진행되고, 로봇 경찰까지 등장하는 상황에 이 로봇들이 우리와 공존하기 위해서는 어떠한 규제가 현재 이들을 감독할 수 있는지 살펴보자.

다음은 1950년 유럽 인권 협약(European Convention on Human Rights, ECHR)의 내용이다. 2조 1. 모든 사람의 생명권은 법으로 보호된다. 누구든지 법률에 의해 형벌이 규정된 범죄로 유죄 판결을 받은 후 법원의 판결을 집행하는 경우를 제외하고 의도적으로 생명을 박탈당하지 않는다. 2. 다음과 같이 절대적으로 필요하지 않은 무력 사용의 결과인 생명 박탈은 본 조항을 위반하여 가해진 것으로 간주되지 않는다. A. 불법 폭력으로부터 사람을 보호하기 위해, B. 합법적인 체포를 실행하거나 합법적으로 구금된 사람의 도주를 방지하기 위해; C. 폭동이나 폭동을 진압할 목적으로 합법적으로 취해진 행동인 경우. 그리고 법 집행 공무원을 위한 행동 강령(the Code of Conduct for Law Enforcement Officials) 및 법 집행 공무원의 무력 및 총기 사용에 관한 기본 원칙(the Basic Principles on the Use of Force and Firearms by Law Enforcement Officials)에서 행동 강령(The Code of Conduct)은 (1) 자의적 살인에 대한 국제인권법의 금지를 충족하는 국내 법적 틀에 따라 무력이 사용되고 있는지(합법성 원칙, legality principle) (2) 처음에 경찰 작전을 계획하고 조직할 때, 국가는 사망과 부상뿐만 아니라 치명적인 힘에 의지할 가능성을 최소화하려고 노력하는지(예방 원칙, precaution principle) (3) 경찰이 적법한 목적을 달성하기 위해 특정 종류 및 정도의 무력을 사용하는 것이 당시에 절대적으로 필요한지(필연성 원칙, necessity principle) (4) 경찰이 용의자와 방관자에게 끼칠 것으로 예상되는 피해가 가해진 위협의 심각성과 달성해야 할 정당한 목적과 비교하여 비례적(과도하지 않음)인지(비례 원칙, proportionality principle) (5) 경찰이 심각한 부상이나 사망을 초래한 경우 국가가 어떻게 발생했는지에 대한 효과적인 조사를 수행했는지 (책임성 원칙, accountability principle)를 고려하고 있다(Gaggioli, 2017). 위 UN의 모든 원칙은 "차별화된" 무력 사용에 대한 충분한 뒷받침이 필요하다는 것을 강조한다. 윤리적 경찰 치안 활동은 경찰에게 "적절한 상황에서 사용할 수 있는 치명적이지 않은 무력화 무기"를 포함하여 "다양한 종류의 무기와 탄약"을 갖추는 것과 관련이 있다. 비폭력 치안 조치가 비효율적이거나 비효과적일 가능성이 있는 경우 사용되는 무력의 수준이 가능한 한 점진적으로 확대될 수 있다. 예를 들어, 폭력적으로 변한 공공 집회를 단속할 때는 화학적 자극제, 전기충격 무기, 고무 또는 플라스틱 총알 또는 물대포의 형태로 덜 치명적인 무력을 적용하는 것이 윤리적으로 적절할 수 있다. 치명적인 상황을 피함으로써 폭력이 더 과격해지거나 확산될 위험을 줄일 수 있다. 반대로, 경찰이 붐비는 장소에서 자살 폭탄 테러 용의자를 만났을 때 폭탄으로 인한 대량 사상자를 방지할 수 있는 유일한 방법이 있다면 치명적인 무기를 신속하게 사용하는 것이 정당화될 수 있다(송진순, 2023).

2020년 유엔 인권이사회는 "원격 제어로 무력을 전달하는 치명적 무기 및 관련 장비는 의도된 또는 일상적인 사용 맥락에서 그러한 사용이 국제인권법을 준수한다고 보장될 수 있는 경우에만 승인되어야 한다"는 권고를 보고서에 기재한 적이 있다(United Nations, 2020). 로봇 경찰은 강한 AI를 구현한 것으로, 선종수(2020)의 강한 AI 로봇 경찰의 법적 지위를 살펴보자. 강한 AI 로봇 경찰은 치안 활동에 투입될 수 있다. 이는 곧 「경찰관직무집행법」에 규정된 경찰의 임무를 수행한다는 의미다. 그러나 현행 경찰관직무집행법에 규정된 경찰관의 업무를 수행하는 주체로 로봇은 인정되지 않으며, 현행법 체계에서는 이를 해결할 수 없다. '자율성'을 갖춘 AI더라도, 인격을 부여한 권리주체가 아니므로 여전히 법체계에서 '물건'으로 취급할 수 있다.

유엔은 그동안 자율 규제로만 거대 플랫폼 기업 및 로봇 산업에 적용되던 것을 직접적으로 포괄할 수 있는 인공지능 법(AI Act, AIA)을 만들었다. AI 법은 AI 시스템의 위험(risk)을 평가하는 프레임워크를 제공하고 AI 시스템이 해당되는 위험 범주에 따라 의무를 정의한다. 일반적으로 그동안은 자율규제와 심의에 의존했다면, AIA는 연구 육성과 혁신을 허용하는 소위 샌드박스를 제공하거나, AI 기술이 책임감 있고 투명하게 사용되도록 보장하면서 사회적 악영향을 해결하는 것의 중요성을 강조하며, 윤리적 AI 연구에 대한 구조화된 환경 제공이 절실히 필요한 시점임을 입증한다. 위험 평가 및 관련 의무에 대한 규정이나 정의가 쉽지는 않겠지만, 혁신을 방해하지 않고 윤리적 고려 사항을 AI 시스템에 통합하는 문제와 씨름하면서 복잡한 규정 준수 환경을 탐색해야 한다. 반면 엄격한 규정이 잠재적으로 AI 개발 및 배포 속도를 방해할 수 있다는 점에서 이 법은 양날의 칼이다. AIA는 디지털 시대에서 사용자의 권리와 안전을 보장하는 데 유익하고, AI가 생성한 허위 정보, 딥페이크 및 기타 형태의 디지털 조작과 관련된 위험으로부터 사용자를 보호할 것을 약속한다. 투명성, 책임 및 신뢰성에 대한 명확한 기준을 설정함으로써, 사용자가 AI 기술에 대한 신뢰를 촉진하고 기술을 보호하면서 AI 발전으로부터 이익을 얻을 수 있도록 하는 것을 목표로 한다. 그간의 규정들은 허위 정보의 잠재적인 해악에 대한 판단이 일반 개인정보 보호 지침(General Data Protection Regulation, GDPR) 중 사용자에 의해 피해사례에 대한 불만 제기가 없는 한, 기술적 차원에서 GDPR을 준수하지 않는 기업이나 개인을 통제할 수 없다는 것이 주요 장애물이었다(Schmitt et al., 2024). AIA 시행에도 이 같은 유사한 실수를 반복할 경우 여전히 효과가 없고 사용자를 충분히 보호할 수 없다. 더욱이 AIA 내에 명시된 배포자와 제공자의 역할과 책임을 구체적으로 명시하지 못해, AIA 시행 시 해석의 여지가 있고 국가마다 차이가 발생할 수 있다(송진순, 2024).

현행 법체계에서 해석이 완전하지 않다면 국회에서 새로운 입법을 통해 정비할 필요가 있으며, 이를 통하여 AI 로봇 경찰의 정확한 책임 범위와 법적인 지위 그리고 오작동이나 사고에 대비할 기술적인 대응과 법적ㆍ제도적 보완이 이들의 등장 이전에 완비되어야만 할 것이다. 향후 로봇은 빅데이터 및 초연결성을 기반으로 스스로 학습하고, 응용하며 상황 판단 능력을 갖추게 될 것이다. 이로써 인간이 정보 등을 주입하여 학습하는 것이 아니라 다양한 사실들을 종합하고 분석해 상황을 판단할 수 있는 로봇이 등장할 것이다(김태오, 2019). 이에 대비하기 위해서 '인간경찰=강한 AI 로봇 경찰'이라는 등식을 성립시킬 수 있는지, 인공지능이 행위의 주체가 될 수 있는지, 인간과 공존하는 새로운 개체로 볼 수 있는지 등 다양한 견해에 대한 숙의와 적절한 법적 지위 부여를 위한 사회적 합의를 통한 법령의 정비가 반드시 따라야 한다(송진순, 2024).

참고문헌

김종호(2018). 인공지능 시대의 윤리와 법적 과제.
≪과학기술법연구≫, 24(3), 155~205. DOI :
10.32430/ilst.2018.24.3.155

김태오(2019). 인격과 로봇. 박영사.

김도식(2018). 인공지능로봇 소피아와 함께 하는 시대. ≪철학과
현실≫, 제116호, 139면.

송진순(2023). 로봇 경찰의 의사결정과 법집행에 있어 윤리적 요구:
블랙박스, 편향 그리고 거버넌스적 윤리 프레임워크. ≪입법과
정책≫, 15(2), 통권 35호, 85-115.

송진순(2024). AI Act, 2024 대선 그리고 허위정보에 맞서는 인간과
AI의 공공소통 검증 프로젝트. ≪지능정보연구≫, 30(3),
137-159.

서울경제(2017.5.5). EU, 로봇에 법적지위·킬 스위치 장착..美도
'인간위한 AI' 원칙세워.
https://www.sedaily.com/NewsView/1OFSZ6SW23

선종수(2020). 경찰의 인공지능 로봇 활용. ≪동아법학≫, 89호,
62-87.

이규호(2020). AI로봇의 형사법적 지위. ≪법학연구≫, 20(1),
79-90.

Gaggioli, G.(2017). Lethal Force and Drones: The Human Rights
Question. In Legitimacy and Drones: Investigating the
Legality, Morality and Efficacy of UCAVs. New York:
Routledge.

Schmitt et al.(2024). The role of explainability in collaborative
human‑ai disinformation detection. In Proceedings of the
2024 ACM Conference on Fairness, Accountability, and
Transparency

United Nations Human Rights(2020). Guidance on Less-Lethal Weapons in Law Enforcement.

04
AI 기술의 위험성:
미 사법부 컴퍼스 사례

"편향된 데이터는 편향된 결과를 낳는다."
– 캐시 오닐
AI 기술은 공정성과 객관성을 약속하지만, 그
내부에 숨어 있는 편향은 종종 인간의 한계를
드러낸다. 미국의 컴퍼스(COMPAS) 시스템은
재범 위험을 평가하기 위해 설계되었으나,
데이터 편향으로 인해 인종적 차별을
강화했다는 비판을 받았다. 이 장에서는 컴퍼스
사례를 중심으로, AI가 가진 위험성과 이를
극복하기 위한 윤리적 · 기술적 접근법을
논의한다.

AI와 사법 시스템 적용

가장 흔한 머신러닝 알고리즘의 문제는 편향이며, 최근 다양한 시스템과 연구에서 해로운 결과를 초래하는 사례가 많이 발견되고 있다. 유네스코의 AI 윤리 권고는 AI 시스템 기술이 사회에 끼치는 영향이 여러 분야에 걸쳐 나타날 수 있고, 그 양상의 불확실성은 크고 복잡할 수 있음을 보인다. 이 권고는 사전주의적 대응이 없다면 상당한 부작용이 발생하므로, AI 시스템을 활용하기 전 윤리 영향 평가와 후속 조치로서 지속적인 모니터링을 통한 바람직한 방식으로 AI 기술이 사용될 수 있도록 제안하고 있다. 그러나 윤리 영향 평가에 대해 각국 정부는 원론적인 필요성에 공감은 하고 있지만, 혁신과 윤리라는 두마리 토끼를 잡으라는 것은 어려워 보인다. 따라서 AI 윤리 영향 평가를 제도화하는 것에는 적극적이지 않을 우려가 존재한다(이상욱, 2021).

편향(bias)은 다양한 모양과 형태로 존재할 수 있으며, 그중 일부는 다양한 다운스트림 학습 과제에서 불공평으로 이어질 수 있다. 데이터의 인지적 편향을 차단하기에 불충분한데, 객관적 기준이 아니라 인간이 보기에 전형적인 형태로 보이는 기준으로 데이터가 통합되거나 인간의 선입견으로 사안들이 마구잡이로 분류되는 경향

뿐 아니라 할루시네이션(hallucination)이 존재해 논리적으로 보이나 잘못된 정보나 무의미한 내용이 강화 학습 과정에서 노출되어 적용될 수 있다. 예를 들어, 안면 인식 애플리케이션에서 범죄자 얼굴 데이터베이스에 혐의자가 있는지 확인하는 과정에서 인종 차이가 두드러졌다. 남성보다 여성에 긍정 오류(false positive, 대상의 신원을 잘못 파악하는 것) 비율이 2~5배가량 높았다. 특정 결과를 목록의 맨 위에 놓는 웹 검색 엔진은 사용자가 상위 결과와 가장 많이 상호작용하는 경향이 있으며 목록 아래에 있는 결과에는 거의 관심을 기울이지 않는다. 사용자와 항목의 상호작용은 웹 검색 엔진에 의해 수집되고, 데이터는 인기와 사용자 관심에 기초하여 정보가 어떻게 제시되어야 하는지에 대한 미래의 결정을 내리는 데 사용될 것이다. 결과적으로, 결과의 특성 때문이 아니라 알고리즘에 의한 편향된 상호작용과 결과의 배치 때문에 상위의 결과는 더 많은 관심을 유도하게 될 것이다. 알고리즘은 내부 세부 정보에 접근할 수 없는 상자 안, 블랙박스(blackbox)에서 실행된다(AITIMES, 2021). 다양한 분야의 시제품의 응용과 활용에서 안전 및 공정성 제약은 설계하는 연구원과 엔지니어의 윤리성과도 결부된다. 사법, 의료 분야, 아동 및 취약계층 복지 시스템에서 모든 응용 프로그램은 삶에 직접적인 영향을 미치며 올바르게 설계되지 않으면, 우리 사회에 커다란 해악과 비용 손실을 초래한다. 얼굴 인식 애플리케이션, 음성 인식 및 검색 엔진의 편향, 할루시네이션 등 연구자와 엔지니어는 알고리즘이나 시스템을 모델링할 때 다운스트림의 잠재적인 영향에 대한 민감한 예측을 가지고 있어야 한다(송진순, 2023).

2015년 양형 개혁 및 교정법(Sentencing Reform and Corrections Act of 2015, Bill S.2123)은 모든 연방 교도소에 위험성 평가 시스템, RAI(Risk Assessment Instruments)라는 알고리즘 도구의 의무적인 구현을 포함하려는 노력이 담긴 법안이다. RAI 시스템은 재범률을 평가하고 특정 피고인이 향후 범죄를 저지를 위험의 정도를 나타내는 점수를 부여하는 데 사용된다. 위험 평가는 재판 전 석방부터 가석방, 중간 점검 사항들을 포함해 미국 형사 사법 시스템의 모든 단계에 걸쳐 사용되고 있다. 아홉 개의 주(애리조나, 콜로라도, 델라웨어, 켄터키, 루이지애나, 오클라호마, 버지니아, 워싱턴, 위스콘신)에서 이러한 점수는 판결 시 고려 사항으로 판사에게 제공된다(Angwin et, al, 2016). 위험 평가 시스템은 고용 이력, 교육 수준, 전과 등의 다양한 변수를 기반으로 점수를 계산

하는 복잡한 기계 학습 알고리즘에 의해 구동되는데 RAI
는 사법 및 판결 편향을 극복하기 위한 목적으로 설계되
었다. 재판 전 공개와 재범률의 위험을 평가하는 기계 학
습 알고리즘 계산과 구동에 인종과 민족성을 명시적으로
포함하지 않으므로 이론적으로 편향되지 않고 객관적인
결과를 도출해야 한다. 하지만 알고리즘적 편향 시스템의
대표적인 예가 미 사법부가 재범 가능성을 판단하기 위해
사용하는 컴퍼스(Correctional Offender Management
Profiling for Alternative Sanctions, COMPAS)다. 안면
인식 시스템과 추천 시스템의 편향은 많은 경우 특정 모
집단과 하위 그룹에 대해 차별적인 것으로 나타났다.
2008년 교도소 인원 중 흑인과 히스패닉계 사람들은 전
체 58%를 차지하는 반면, 백인은 전체 인구의 25%만을
차지했다. 프로퍼블리카(ProPublica)의 심층 조사에 따
르면, 노스포인트(Northpoint)가 개발하고 미국 전역의
사법 시스템에서 사용하는 위험 평가 제품인 컴퍼스는
백인 피고인을 향후 범죄를 저지를 위험이 낮은 것으로
잘못 식별할 가능성이 두 배(47.7: 28.0) 이상 높다. 흑인
피고인들에 대한 고위험 재범 가능성은 두 배나 높은 것
으로 판단한다(23.5:44.9). 이러한 위험 평가 알고리즘
이 흑인 피고인이 백인 피고인보다 범죄자가 될 가능성

이 있는 것으로 편향되게 식별될 것을 보장하는 방식임을 확인했다. 2014년 당시 미국 법무장관 에릭 홀더(Eric Holder)는 위험 점수가 법원에 편향을 주입할 수 있다고 경고했다. 그는 미국 형량 위원회에 위험 점수의 사용을 연구할 것을 촉구했다. 그리고 이러한 조치가 최선의 의도로 만들어졌지만, 개인화되고 평등한 정의를 보장하려는 우리의 노력을 실수로 훼손할까 봐 우려된다고 말하며, 형사 사법 제도와 사회에서 흔한 부당하고 불공정한 불평등을 악화할 수 있고 덧붙였다. 누가 재범할지 예측할 때, 흑인과 백인 피고인이 거의 같은 비율로 범죄를 저질렀지만, 알고리즘은 흑인에 더 높은 비율의 결과를 보여 주고 있다. 이 공식은 흑인 피고인을 미래의 범죄자로 잘못 표시할 가능성이 특히 높았으며, 백인 피고인보다 거의 두 배나 높은 비율로 흑인 피고인을 미래의 범죄자로 잘못 표시할 가능성이 높았다. 백인 피고인은 흑인 피고인보다 위험도가 낮다는 잘못된 분류를 받는 경우가 더 잦았다. 흑인 피고인은 여전히 미래에 폭력 범죄를 저지를 위험이 더 높은 것으로 평가될 가능성이 77% 더 높았고 미래에 어떤 종류의 범죄를 저지를 것으로 예측될 가능성이 45% 더 높았다(Angwin, 2016).

여기서 발생한 평가 편향(evaluation bias)은 특정 작업에 사용된 벤치마크 데이터가 사용 모집단을 나타내지 않을 때 발생한다. 이는 대부분의 안면 분석 도구에서 흑인이나 황인종의 이미지를 잘 인식하지 못해 인종이나, 성별, 연령 등에 따른 불평등이 유발된다. 특히 상업적 얼굴 분석 알고리즘에서 성별 또는 미소 감지와 같은 작업 수행의 성능이 현저히 떨어지는 것이 지적되고 있다. 그 외 측정 편향(measurement bias)이 관찰되었는데, 자체적으로 잘못 측정된 대리 변수로 인해 부분적으로 소수 집단이 통제되고 소수 집단 출신의 사람들이 더 높은 체포율을 가지고 있기 때문에 이러한 집단을 평가하고 통제하는 방법에 차이가 있었다. RAI는 형사 사법 환경 내의 여러 곳에 배치되었고 RAI에는 종종 범죄를 측정하기 위한 구속 또는 위험성에 대한 기본 개념과 같은 대리 변수가 포함된다. 소수 집단에 재체포(rearrest), 상습범(recidivism)으로 표시되며 흑인 피고인에 대해 훨씬 더 높은 허위 양성률을 보였다. 따라서 이러한 알고리즘은 인간에 의해 만들어지기 때문에 불가피하게 혹은 무의식적으로 사회적 가치, 편견 및 차별적 관행을 반영하고 있다. 이는 이러한 RAI 시스템을 가진 로봇 경찰의 사법 집행의 우려스러운 단면을 보여 주는 사례다. 그리고 적합한 데이터를 적절한 방식으로 호스팅할 수 있는 기술적인 고민과 올바른 기술 사용과 전문성에 대한 소명이 결합된 윤리적 교육과 법적 제도적 준비가 필요한 이유다.

참고문헌

송진순(2023). 로봇 경찰의 의사결정과 법집행에 있어 윤리적 요구: 블랙박스, 편향 그리고 거버넌스적 윤리 프레임워크. ≪입법과 정책≫, 15(2), 85-115.

이상욱(2021). 믿고 맡길 수 있는 인공지능을 위해. 유네스코. 「인공지능 윤리 권고」.

AITIMES(2021.7.21). 설명가능한 AI, 알고리즘 블랙박스를 '유리박스'로 변신시킬까."
https://www.aitimes.com/news/articleView.html?idxno=139722

Angwin, J., et al.(2016). Machine bias. ProPublica.

NIJ(2018). Using Artificial Intelligence to Address Criminal Justice Needs.
https://fastercapital.com/ko/content/%ED%98%95%EC%82%AC-%EC%82%AC%EB%B2%95-%EC%8B%9C%EC%8A%A4%ED%85%9C--%EB%B2%95%EC%A0%95%EC%97%90%EC%84%9C-%EC%9A%B4%EC%98%81-%EB%B0%A9%EC%8B%9D-%EC%A0%81%EC%9A%A9.html

05
AI 알고리즘이 뭐지? 왜 이토록 나의 관심사를 잘 알지?

"우리가 기술을 바라보는 동안, 기술도 우리를 보고 있다." – 셰리 터클

AI와 알고리즘은 단순히 데이터를 처리하는 도구를 넘어, 우리의 행동과 관심사를 예측하고 맞춤형 경험을 제공한다. 소셜 미디어 피드, 추천 시스템, 검색 결과까지, 이 기술들은 어떻게 우리의 선호를 이토록 정확히 파악할까? 이 장에서는 AI와 알고리즘의 원리와 작동 방식을 살펴보며, 그들이 우리의 일상에 미치는 영향과 윤리적 함의를 탐구한다.

알고리즘은 어떻게 작동하나요

AI의 알고리즘은 문제를 해결하거나 계산을 수행하는 데 사용되는 절차다. 하드웨어 또는 소프트웨어 기반 루틴에서 지정된 작업을 단계별로 수행하는 정확한 명령 목록으로 작동한다. 알고리즘은 정보기술(IT)의 모든 분야에서 널리 사용되며, 일반적으로 반복적인 문제를 해결하는 작은 절차를 말한다. 또 데이터 처리를 수행하기 위한 사양으로 사용되며 자동화 시스템에서 중요한 역할을 한다. 숫자 집합을 정렬하거나 소셜 미디어에서 사용자 콘텐츠를 추천하는 것과 같은 복잡한 작업에 사용될 수 있다.

알고리즘은 일련의 지침이나 규칙을 따라 작업을 완료하거나 문제를 해결한다. 자연어, 프로그래밍 언어, 의사 코드, 흐름도 및 제어표로 표현할 수 있다. 자연어 표현은 모호하기 때문에 드물다. 프로그래밍 언어는 일반적으로 컴퓨터가 실행하는 알고리즘을 표현하는 데 사용된다. 일련의 지침과 함께 초기 입력을 사용한다. 입력은 결정을 내리는 데 필요한 초기 데이터이며 숫자나 단어의 형태로 표현될 수 있다. 입력 데이터는 산술 및 의사 결정 프로세스를 포함할 수 있는 일련의 지침 또는 계산을 거친다. 출력은 알고리즘의 마지막 단계이며 일반적으로 더 많은 데이터로 표현된다. 예를 들어, 검색 알고리즘은 검색 키워드와 관련된 항목을 데이터베이스에서 검색하기 위한 일련의 명령어를 통해 실행된다. 자동화 소프트웨어는 알고리즘의 또 다른 예이며, 자동화는 일련의 규칙을 따라 작업을 완료한다. 많은 알고리즘이 자동화 소프트웨어를 구성하며, 모두 주어진 프로세스를 자동화하기 위해 작동한다.

알고리즘에는 어떤 유형이 있나요?

알고리즘의 몇 가지 유형을 알아보자. 모두 서로 다른 작업을 수행하도록 설계된다.

검색 엔진 알고리즘(Search engine algorism): 키워드와 연산자의 검색 문자열을 입력으로 받고, 연관된 데이터베이스에서 관련 웹페이지를 검색하여 결과를 반환한다.

암호화 알고리즘(Encryption algorism): 지정된 동작에 따라 데이터를 변환하여 보호한다. 예를 들어, 데이터 암호화 표준과 같은 대칭 키 알고리즘은 동일한 키를 사용하여 데이터를 암호화하고 해독한다. 알고리즘이 충분히 정교하다면 키가 없는 사람은 아무도 데이터를 해독할 수 없다.

재귀 알고리즘(Recursive algorism): 문제를 해결할 때까지 반복적으로 자신을 호출한다. 재귀 알고리즘은 재귀 함수가 호출될 때마다 더 작은 값으로 자신을 호출한다.

백트래킹 알고리즘(Backtracking algorism): 증분적 접근 방식으로 주어진 문제에 대한 해결책을 찾고 한 번에 한 조각씩 해결한다.

분할 정복 알고리즘(Divide-and-conquer algorism): 두 부분으로 나누어 한 부분은 문제를 더 작은 하위 문제로 나눈다. 두 번째 부분은 이러한 문제를 해결한 다음 결합하여 설루션(solution)을 생성한다.

동적 프로그래밍 알고리즘(Dynamic programming algorism): 문제를 하위 문제로 나누어서 해결한다. 그런 다음 결과를 저장하여 미래의 해당 문제에 적용한다.

무차별 대입 알고리즘(Brute-force algorism): 문제에 대한 모든 가능한 설루션을 맹목적으로 반복하면서 함수에 대한 하나 이상의 설루션을 찾는다.

정렬 알고리즘(Sorting algorism): 비교 연산자를 기반으로 데이터 구조를 재배열하는 데 사용되며, 이는 데이터의 새 순서를 결정하는 데 사용된다.

해싱 알고리즘(Hashing algorism): 데이터를 가져와

해싱을 사용하여 통일된 메시지로 변환한다.

무작위 알고리즘(Randomized algorism): 실행 시간과 시간 기반 복잡성을 줄인다. 이는 논리의 일부로 무작위 요소를 사용한다(techtarget, 2024).

지도 학습 알고리즘

가장 일반적으로 사용되는 알고리즘 범주는 지도 학습(Supervised Learning)이다. 이는 훈련하는 동안 명확하게 레이블이 지정된 데이터를 가져와 학습하고 레이블이 지정된 데이터를 사용하여 다른 데이터의 결과를 예측한다. 지도 학습은 교사나 전문가가 있는 곳에서 학생이 학습하는 것을 비교한 데서 유래되었다. 실제로 작동하는 지도 학습 알고리즘을 구축하려면 결과를 평가하고 검토하는 전담 전문가 팀이 필요하며, 알고리즘이 만든 모델을 테스트하여 원래 데이터와 정확도를 확인하고 AI의 오류를 포착하는 전문가가 더욱 필요하다. 지도 학습 알고리즘의 설명 알고리즘은 분류나 회귀, 또는 둘 다에 사용될 수 있다. 분류는 이진법(0 = 아니오, 1=예)을 사용한 둘 중 하나 결과를 의미한다. 회귀는 결과가 실수(반올림 또는 소수점)로 끝난다는 것을 의미하는 것으로, 종속 변수와 독립 변수가 있다. 가장 일반적인 지도 학습 알고리즘 중 하나인 의사 결정 트리는 나무와 같은 구조로 나무의 루트(root)는 학습 데이터 세트이며 테스트 속성을 나타내는 특정 노드로 이어진다. 노드는 종종 다른 노드로 이어지고, 계속 이어지지 않는 노드를 리프(leaf)라고 한다. 결론에 도달할 때까지 훈련 데이터를 따라 하위 노드로 분류할 수 있다.

비지도 학습 알고리즘

비지도 학습(Unsupervised Learning) 알고리즘은 레이블이 지정되지 않은 데이터를 제공한다. 레이블이 지정되지 않은 데이터를 사용하여 모델을 만들고 다양한 데이터 포인트 간의 관계를 평가하여 데이터에 대한 더 많은 통찰력을 제공한다. 많은 비지도 학습 알고리즘은 클러스터링 기능을 수행하는데, 레이블이 지정되지 않은 데이터 포인트를 미리 정의된 클러스터로 정렬한다는 것을 의미한다. 목표는 각 데이터 포인트가 중복 없이 하나의 클러스터에만 속하도록 하는 것이다.

신경망

신경망(neural network) 알고리즘은 인간의 뇌 기능을 모방한 AI 알고리즘 모음을 일컫는 용어다. 위에서 논의한 알고리즘 중 더 복잡하고 많은 응용 분야가 있다. 비지도 학습과 지도 학습에서 분류 및 패턴 인식에 사용할 수도 있다.

강화 학습 알고리즘

강화 학습(Reinforcement Learning)은 행동 결과로부터 피드백을 받아 학습한다. 일반적으로 보상의 형태로 두 가지 주요 부분으로 구성된다. 행동을 수행하는 에이전트와 행동이 수행되는 환경이다. 환경이 에이전트에게 상태 신호를 보내면 사이클이 시작된다. 에이전트가 환경 내에서 특정 행동을 수행하도록 대기열에 넣고, 행동이 수행되면 환경이 에이전트에게 보상 신호를 보내 무슨 일이 일어났는지 알려 준다. 그러면 에이전트가 마지막 행동을 업데이트하고 평가할 수 있다. 그런 다음 새로운 정보를 사용하여 다시 행동을 취할 수 있다. 환경이 종료 신호를 보낼 때까지 이 사이클이 반복된다.

로봇의 알고리즘은 어떤 것들이 있나요?

한국에서 로봇 경찰 기술 시스템의 알고리즘에 대해 설명하면 다음과 같다.

1. 인식 알고리즘: 컴퓨터 비전은 CCTV나 카메라 시

스템을 활용하여 사람이나 사물, 특정 행동을 인식하는 알고리즘이다. 한국에서는 범죄 예방을 위한 스마트 시티 프로젝트의 일환으로 컴퓨터 비전 기술이 많이 사용된다. 범죄자나 실종자 식별을 위한 얼굴 인식 기술은 딥러닝 기반의 알고리즘을 활용해 얼굴 특징을 비교 및 분석한다. 다양한 센서(카메라, 레이다, GPS 등)를 결합하여 로봇이 주변 환경을 인식하고 분석하는 기술이 있다. 자연어 처리(NLP)는 로봇이 음성 명령을 이해하거나 언어 기반 정보를 해석할 수 있도록 한다. 인간의 말이나 텍스트를 처리하고 분석하는 데 사용된다.

2. 의사 결정 알고리즘: 한국은 경찰 업무의 효율성을 높이기 위해 AI 및 머신러닝 기술을 도입하고 있다. 특히, 이상 행동 감지나 범죄 패턴 분석 등에 활용될 수 있다. 로봇이 주어진 상황에서 적절한 대응을 선택할 수 있도록 상태 머신이나 의사 결정 트리와 같은 알고리즘을 사용하여 행동을 계획한다. 그리고 한국의 법과 규정을 준수하는 윤리적 알고리즘이 필요하며, 로봇이 법을 준수하는 선에서 행동하도록 하는 규칙이 설정된다.

3. 제어 알고리즘: 자율주행 기술에서 로봇이 도로 및 사람들 사이를 안전하게 이동할 수 있도록 하며, 최적의 경로를 찾아 순찰하거나 특정 지점으로 이동한다.

4. 행동 알고리즘: 로봇이 사람과 안전하게 상호작용할 수 있도록 음성 인식이나 제스처 인식 기술이 포함될 수 있다. 자연어 처리(NLP)를 통해 로봇이 한국어를 이해하고 대화할 수 있도록 하는 기술이 발전하고 있다. 로봇 경찰이 경고를 보내거나 위협 상황에서 적절한 대응을 할 수 있도록 하는 알고리즘이 사용된다. 경고 방송이나 비상 신호를 보내는 기능도 가질 수 있다.

5. 협력 시스템: 다중 로봇 협력, 스웜 로봇(Swarm Robotics)이라고도 하는데 여러 대의 로봇이 함께 작업할 수 있도록 하는 알고리즘으로, 여러 대의 로봇이 공동으로 목표를 달성하기 위해 협력하는 기술이다. 사람과 로봇 또는 로봇끼리 원활히 협력할 수 있도록 하는 다중 에이전트 시스템이 있다. 한국에서도 여러 로봇 또는 감시 시스템이 협력하여 더 효과적으로 임무를 수행할 수 있는 방법이 연구되고 있다. 한국은 스마트 경찰 시스템 구축으로 스마트 시티 기술의 선도 국가로, 경찰 시스템을 활용한 범죄 예방 및 감시가 발전하고 있다. 예를 들어, 서울시에서는 얼굴 인식 및 CCTV 분석 기술을 범죄자 식별에 사용한다. 공공장소에서는 자율적으로 순찰하는 로봇이 도입되고 있으며, 공항, 지하철역 등에서 사용될 가능성이 있다. 범죄 모니터링은 배회 또는 도난과

같은 비정상적인 행동이나 활동을 감지하는 알고리즘으로, 시각적 데이터와 행동 분석을 사용한다. 그리고 군중 제어에 활용된다. 얼굴 인식, 예측 분석 및 움직임 패턴을 사용하여 대규모 군중을 모니터링하고 개입이 필요한지를 결정한다. 자율 주행 알고리즘을 사용하여 거리를 순찰하거나 특정 지역을 순찰하면서 위협이나 비정상적인 활동을 지속적으로 모니터링한다.

로봇 알고리즘 활용 사례

범죄 예측 알고리즘(Predictive Policing Algorithms)은 범죄 발생 가능성이 높은 지역과 시간을 예측하는 데 사용된다. 예를 들어, 프레드폴(PredPol)이나 컴스타트(CompStat) 같은 시스템이 포함된다. 이 알고리즘은 과거의 범죄 데이터를 분석하여 미래의 범죄를 예측하고, 경찰 배치를 최적화하는 데 도움을 준다.

위험 평가 도구(Risk Assessment Tools)는 범죄자의 재범 위험을 평가하거나, 법원에서의 결정에 도움을 주기 위해 사용된다. 컴퍼스(Correctional Offender Management Profiling for Alternative Sanctions, COMPAS)와 같은 도구가 그 예로, 범죄자의 성향과 범죄 가능성을 예측하고, 형량 결정이나 재활 프로그램 배정을 지원한다.

얼굴 인식 기술(Facial Recognition Technology)을 사용하여 범죄 용의자를 식별하거나, 공공장소 감시를 강화한다. 감시 카메라와 데이터베이스를 통해 인물 식별을 수행한다.

소셜 미디어 모니터링 도구(Social Media Monitoring Tools)는 소셜 미디어 플랫폼에서의 활동을 분석하여 범죄의 징후를 발견하거나, 범죄와 관련된 네트워크를 추적하는 데 사용된다.

캐시 오닐은 『대량 살상수학 무기(WMathD)』에서 수학을 기반으로 한 정보 기술이 사회에 파괴적 역할을 담당하는 것을 대량 살상 무기(Weapons of Mass Destruction)에 빗대어 표현했다. 알고리즘을 기반한 정보에 대한 취사선택에서 블라인드 스팟이 있을 수밖에 없는 것은 개발자의 판단과 우선순위를 반영한 것이다(캐시 오닐, 2017). 한국은 로봇 경찰의 도입에서 개인정보 보호, 사생활 보호, 알고리즘 편향 가능성과 같은 윤리적 문제를 해결하는 것이 중요한 과제로 남아 있으며, 기술 발전과 법적 규제의 균형을 맞추는 방향으로 연구가 진행되고 있다.

참고문헌

tableau.com(n.d.). Artificial intelligence (AI) algorithms: a
    complete overview.
    www.tableau.com/data-insights/ai/algorithms
techtarget(2024). What is an algorithm?.
    https://www.techtarget.com/whatis/definition/algorithm
캐시 오닐(2017). 『대량살상 수학무기』. 흐름출판.

06
AI 편향과 블랙박스, 디지털 레드라이닝

"편향은 데이터에서 시작되어 알고리즘 속에 숨는다." – 캐시 오닐

AI 시스템은 객관적 판단을 약속하지만, 내부 작동 원리가 불투명한 블랙박스 특성은 편향과 차별을 증폭할 위험을 내포한다. 디지털 레드라이닝은 그 대표적 사례로, 특정 집단이 금융, 교육, 채용 등에서 구조적으로 배제되는 문제를 낳는다. 이 장에서는 AI 편향과 블랙박스의 본질, 그리고 디지털 레드라이닝이 초래하는 사회적 불평등을 탐구하며 기술의 윤리적 책임을 논의한다.

AI 편향

AI 모델 개발은 훈련과 검증, 테스트라는 과정을 거친다. 방대한 데이터 속에서 인간의 개입 없이 AI가 스스로 패턴과 유사성을 찾아내는 비지도 학습 모델도 존재하지만, 지도 학습과 강화 학습에는 여전히 인간의 개입이 필요하다. 이는 훈련 데이터의 레이블링(Labeling)과 선정이라는 면에서 인간의 편향(Human Bias)이 인공지능에 반영될 위험이 여전히 존재함을 뜻한다(superb ai, 2023). 로봇 경찰 시스템이 학습하는 데이터 세트가 특정 집단이나 상황에 대해 불균형하거나 왜곡된 정보를 포함하고 있으면 시스템은 이 데이터를 기반으로 잘못된 결정을 내릴 수 있다. 범죄 데이터가 특정 인종이나 사회경제적 배경을 가진 사람들에게 불리하게 편향되어 있다면, 로봇 경찰은 그러한 집단을 과도하게 감시하거나 부당하게 대응할 가능성이 있다.

편향(偏向, bias)은 사전적으로는 한쪽으로 치우친 성질을 뜻한다. 따라서 AI 시스템의 편향성은 AI 시스템을 구성하는 AI 모델의 의사 결정이 어느 한쪽으로 치우친 결과를 산출하는 경향성을 의미한다. 채용에 관한 AI 시스템이라면 과거에 입사한 사람들의 입사 지원서에 수록된 데이터를 학습하여 평가 모델을 개발할 것이다. 가령 AI 화상 면접 시스템이라면 피면접자의 얼굴 이미지 데이터를 통해 인종이나 성별이 학습될 수 있다. 학습 데이터에 수록된 지원자나 합격자가 특정 인종이나 성별이 월등하게 많았다면 평가 모델은 소수에 대해 편향된 의사 결정을 내릴 가능성이 높다. 편향의 대표적인 유형으로 역사적 편향이 있다. 과거에는 여성의 사회 진출이 많지 않았지만, 오늘날 채용에서 성차별은 법적으로 금지되고 사회 인식에도 많은 변화가 일어났다. 남성 위주의 고용 시장이 보편적이었던 과거의 경험에 의존해 지원자를 평가하는 경우 나타날 수 있는 편향이 역사적 편향이다. 대표성 편향도 자주 발생한다. 신종 바이러스의 발생으로 인해 미국에 있는 글로벌 제약회사가 백신을 개발한다고 가정하자. 제약회사가 미국에 거주하는 사람들만으로 표본으로 임상 실험을 진행했다면, 해당 백신은 아시아 국가에 사는 사람들에게는 효과가 덜하거나 부작용이 발생하는 경우가 많을 수 있다. 표본이 연구 대상으로 하는 모집단을 대표하지 못하는 경우를 대표성 편향이라 한다.

로봇 경찰과 디지털 레드라이닝

디지털 레드라이닝

디지털 레드라이닝(Digital Redlining)은 특정 인종, 계층, 지역, 혹은 집단에 대한 차별적 대우가 디지털 기술과 데이터 기반 시스템을 통해 이루어지는 현상을 말한다. 이 용어는 과거 은행이나 보험 회사가 특정 지역(주로 흑인이나 소수민족이 많이 거주하는 지역)에 대해 대출이나 보험을 제공하지 않기 위해 지도를 사용해 붉은 선을 그렸던 레드라이닝(Redlining)에서 유래했다. 디지털 레드라이닝은 이러한 차별이 물리적인 경계 대신 알고리즘, 데이터 분석, 디지털 인프라 등을 통해 발생하는 경우를 가리킨다.

1. 디지털 접근성 차별: 특정 지역, 특히 저소득층이나 소수민족이 거주하는 지역에 고속 인터넷이나 디지털 서비스 인프라가 불충분하게 제공되는 경우가 있다. 해당 지역 주민들이 온라인 교육, 원격 근무, 전자 상거래 등 디지털 경제의 혜택을 받지 못할 수 있고, 특정 지역에 거주하는 사람들에게 온라인 금융 서비스나 전자 상거래 플랫폼에서 불리한 조건을 제공하거나, 서비스를 아예 이용할 수 없게 제한하는 경우가 있을 수 있다.

2. 알고리즘적 차별: 알고리즘이 학습하는 데이터가

이미 사회적 불평등이나 편견을 반영하고 있는 경우, 이러한 편견이 자동화된 방식으로 강화된다. 예를 들어, 범죄 예측 시스템이 소수민족이나 저소득층 지역을 더 많이 감시하거나, 이들에 대한 법 집행을 더 강하게 하도록 설계될 수 있다. 특정 인종이나 사회적 지위를 바탕으로 특정 그룹에는 더 불리한 금융 상품 광고를, 다른 그룹에는 더 유리한 조건의 상품 광고를 노출하는 것도 디지털 레드라이닝의 한 예다.

3. 데이터 기반 차별: 데이터가 특정 집단이나 지역에 대해서만 집중적으로 수집되면, 그 집단에 대한 부정확한 인식이 형성되고, 이는 다시 디지털 서비스 제공에서 차별로 이어질 수 있다. 예를 들어, 보험 회사가 특정 지역 주민의 건강 데이터를 바탕으로 보험료를 더 높게 책정하는 경우다. 디지털 레드라이닝은 기존의 사회적 불평등을 디지털 환경에 그대로 반영하거나, 더욱 악화할 수 있다. 디지털 기술이 중립적이지 않으며, 오히려 기존의 편견과 차별을 강화할 수 있음을 의미한다.

디지털 레드라이닝을 방지하고 해결하기 위해서는 다음과 같은 조치들이 필요하다. 투명성 강화 부분으로 알고리즘과 데이터 사용의 투명성을 확보하고, 그 결과가 공정하게 작동하는지 지속적으로 모니터링해야 한다.

데이터와 알고리즘의 편향을 인식하고, 이를 교정하기 위한 기술적, 정책적 노력이 필요하다. 모든 사회적 집단이 디지털 서비스에 공평하게 접근할 수 있도록 인프라를 구축하고, 접근성을 보장하는 포용성의 확장 노력이 필요하다. 디지털 레드라이닝을 방지하기 위한 법적 규제와 정책이 필요한데 특정 지역이나 집단에 대한 차별적 대우를 금지하는 법률이 마련되어야 한다.

디지털 레드라이닝은 디지털 시대의 새로운 형태의 차별로, 기술이 발전할수록 그 영향이 더욱 커질 수 있다. 따라서 이러한 문제를 인식하고, 기술적·사회적 차원에서 적극적으로 대응하는 것이 중요하다. 소외된 지역의 학교에는 디지털 도구 및 광대역 접속을 위한 자금과 자원을 늘려 교육 형평성을 강화해야 한다. 서비스가 잘 제공되는 지역에서 원격 의료 채택이 증가하는 반면 디지털 제한의 영향을 받는 지역 사회는 온라인 의료 서비스에 접근하는 데 계속 장벽에 직면하고 있다. 시민 참여 플랫폼과 온라인 투표 이니셔티브가 확장되고 있지만 디지털 방식이 규제된 커뮤니티에 도달하지 못하여 정치 참여에 제한을 받기도 한다.

로봇 경찰 도입과 디지털 레드라이닝

로봇 경찰이 디지털 레드라이닝을 일으킬 수 있는 방식은 다양하게 존재할 수 있다. 로봇 경찰이 사용하는 데이터와 알고리즘, 그로 인한 정책적 결정에서 발생한다. 디지털 레드라이닝이 로봇 경찰과 결합할 때 발생할 수 있는 주요 사례는 다음과 같다.

1. 특정 지역에 대한 과도한 감시와 단속: 특정 지역에서 더 많은 데이터를 수집하게 되면, 그 지역이 범죄 발생지로 낙인찍힐 수 있다. 과거의 범죄 데이터가 주로 특정 저소득층 지역에서 수집되었을 경우, 로봇 경찰은 이 데이터를 바탕으로 해당 지역에 대해 더 집중적인 감시와 단속을 하게 된다. 이로써 그 지역 주민들이 과도한 법 집행의 대상이 되고, 결과적으로 디지털 레드라이닝을 강화하게 된다. 자원 배분 차원에서도 로봇 경찰 시스템이 특정 지역에 더 많은 자원을 투입하게 되면, 다른 지역은 상대적으로 덜 주목받는다. 특정 지역 주민들이 더 많은 경찰의 감시와 단속에 노출되는 반면, 다른 지역 주민들은 상대적으로 자유롭게 행동할 수 있는 불균형이 초래된다.

2. 인종 및 사회경제적 편견 반영: 알고리즘이 과거의 편향된 데이터를 학습하여 특정 인종이나 사회경제적

집단을 주타깃으로 삼을 수 있다. 범죄 예측 시스템이 소수민족이 많이 거주하는 지역을 더 위험한 지역으로 인식하여 더 많은 단속을 시행하는 경우, 차별적 예측 모델로 인해 로봇 경찰이 사용하는 예측 모델이 특정 인종이나 계층의 사람들을 더 높은 위험군으로 분류하는 경우 그 결과로 이들 집단은 더 빈번하게 단속 대상이 된다. 이러한 예측 모델의 편향은 기존의 사회적 불평등을 디지털 방식으로 강화하게 된다.

3. 접근성의 차별: 특정 지역에 더 많이 배치되거나, 특정 집단에 대한 감시가 더 강화될 경우, 다른 지역이나 집단은 상대적으로 적은 감시와 단속을 받을 수 있다. 이는 디지털 인프라의 불균형적 배치가 특정 집단에 불리하게 작용하는 디지털 레드라이닝의 형태가 될 수 있다. 그 외에도 로봇 경찰이 특정 지역이나 집단에 대해서는 더 적극적인 단속을, 다른 지역이나 집단에는 더 관대한 태도를 보이는 경우, 차별적 태도는 디지털 레드라이닝의 일종이 된다. 부유한 지역에서는 로봇 경찰이 치안 유지에 더 중점을 두고, 빈곤한 지역에서는 범죄 단속에 집중하는 방식이다.

4. 데이터 수집의 불균형: 특정 지역에서만 데이터를 집중적으로 수집하면, 그 지역에 대한 부정확한 인식이

형성되고, 이는 그 지역에 대한 더 강한 단속과 감시로 이어질 수 있다. 저소득층 지역에서 많은 데이터를 수집하는 경우, 로봇 경찰은 후자를 더 문제 지역으로 간주하게 된다. 특정 지역이나 집단의 활동에 대한 데이터가 과도하게 수집되면, 이 데이터는 다시 로봇 경찰의 의사 결정에 영향을 미치고, 그 집단에 대한 감시와 단속이 더욱 강화될 수 있다. 이는 기존의 편향된 데이터를 강화하는 피드백 루프를 형성하게 된다.

5. 정책적 편향: 로봇 경찰의 배치와 운영이 특정 정책적 목표에 따라 결정될 경우, 특정 지역이나 집단이 불리하게 영향을 받을 수 있다.

이와 같은 디지털 레드라이닝의 문제를 해결하기 위해서는 로봇 경찰의 설계 단계에서부터 데이터의 편향성을 제거하고, 공정한 알고리즘을 개발하며, 법적 및 정책적 감시를 강화하는 것이 필요하다. 또 사회적 불평등을 고려한 포괄적인 접근과 정책이 병행되어야 한다.

AI의 블랙박스

AI에서 블랙박스(blackbox)란 모델이 특정한 결정을 내리는 과정을 이해하거나 설명하기 어려운 상황을 가리킨다. 특히 딥러닝 모델이나 복잡한 신경망은 매우 많은 파라미터와 복잡한 구조를 가지고 있기 때문에, 모델이 왜 특정한 입력에 대해 특정한 출력을 내놓는지 사람들에게 직관적으로 설명하기 어려운 경우가 많다. 블랙박스 특성은 AI의 투명성과 신뢰성에 대한 문제를 제기한다. 사용자는 AI의 결정을 신뢰하기 위해 그 과정을 이해할 수 있어야 하지만, 블랙박스 모델에서는 그 과정이 불투명하게 느껴질 수 있다. 이를 해결하기 위해 AI 분야에서는 설명 가능한 AI(Explainable AI, XAI)라는 연구가 활발히 진행되고 있다. XAI는 AI 모델이 내린 결정을 사람이 이해할 수 있는 방식으로 설명하는 방법을 개발하는 것을 목표로 한다.

블랙박스 AI는 무엇인가?

대부분의 딥러닝 모델의 블랙박스는 여러 가지 문제를 야기할 수 있다. 챗GPT, 제미나이(Gemini)와 같은 대규모 언어 모델 기반의 AI는 '블랙박스' 문제를 안고 있다. AI 분야에서 블랙박스란 머신러닝, 특히 복잡한 딥러닝 기반의 AI 모델에서 두드러지는 문제로, 모델이 내부적으로 어떻게 작동하는지 관찰하거나 이해하기 어려운 문제를 뜻한다. 예를 들면 알파고가 특정 게임에서 왜 저러한 특정 수를 둔 것인지 알파고 개발자도 설명하기 어려웠는데 블랙박스 때문이다.

블랙박스는 사용자나 다른 이해 당사자에게 입력과 작업이 보이지 않는 침투할 수 없는 시스템으로 AI 모델이 어떻게 도달했는지에 대한 설명을 제공하지 않고 결론이나 결정에 도달한다. 인공 뉴런의 심층 네트워크는 수만 개의 뉴런에 데이터와 의사 결정을 분산시켜 인간의 뇌만큼이나 이해하기 어려운 복잡성을 초래한다. 간단히 말해, 내부 메커니즘과 기여 요인에 대한 사항은 알려지지 않는다. 일반인이 논리와 의사 결정 과정을 이해할 수 있는 방식으로 만들어진 설명 가능 AI는 블랙박스 AI와 대조된다.

블랙박스는 어떻게 작동하나?

정교한 알고리즘은 광범위한 데이터 세트를 조사하여 패턴을 찾는다. 이를 달성하기 위해 많은 수의 데이터 예제가 알고리즘에 입력되어 시행착오를 통해 스스로 실험하고 학습할 수 있다. 모델은 많은 양의 입력 샘플과 예상 출력을 사용하여 새 입력에 대한 정확한 출력을 예측할 수 있을 때까지 내부 매개변수를 변경하는 방법을 학습한다. 이 훈련의 결과로, 머신러닝 모델은 마침내 실제 데이터를 사용하여 예측할 준비가 되고, 위험 점수를 사용하여 메커니즘이 형성된다. 시간이 지남에 따라 추가 데이터가 수집되고, 이 모델은 방법, 접근 방식 및 지식 체계를 확장한다. 하지만 데이터 과학자, 프로그래머, 사용자는 블랙박스 모델이 예측을 생성하는 방식을 이해하는 데 어려움을 겪을 수 있다. 내부 작동 방식을 쉽게 사용할 수 없고 대부분 자체적으로 지시하기 때문이다. 검은색으로 칠해진 상자 안을 들여다보기 어려운 것처럼 각 블랙박스 AI 모델이 어떻게 기능하는지 알아내는 것도 어렵다.

최근 유행하는 AI에는 주로 딥러닝 모델이 사용된다. 그런데 딥러닝 모델이 가진 작동 방식의 복잡성, 학습 및 결정 과정의 불투명성은 블랙박스 문제를 증폭한다. 딥러닝 모델은 내부적으로 '신경망'을 사용한다. 인간의 뇌를 모방한 신경망의 각 노드와 레이어는 서로 연결돼 있으며, 수십억 개가 넘는 파라미터(매개변수)가 수학적 연산을 통해 상호작용하도록 만들어져 있다. 신경망에서 파라미터는 가중치, 편향, 학습률 등을 제어하고 조정하는데 이를 통해 어떤 정보가 중요한지 파악하거나 과도한 학습으로 인한 오류를 방지하는 등 모델의 학습 경로와 의사 결정 경로를 안내하고 최적화하는 데 중요한 역할을 담당한다. 딥러닝 모델은 수많은 파라미터가 상호작용하는 복잡한 구조로 인해 모델의 작동 방식을 이해하고 설명하기가 어렵다. 또 학습 및 결정 과정에서 복잡한 알고리즘을 사용하는데 이 과정에서 수학적으로 많은 연산이 발생해 그 과정과 결과를 설명하기란 매우 어렵다. 블랙박스로 작동되는 딥러닝 모델에서 사용자는 입력과 출력만을 확인할 수 있다. 중간 과정이 어떻게 이루어지는지 명확히 알기 어렵다. 이는 여러 문제의 가능성을 내포한다. 첫째, 신뢰성 문제다. 작동 원리를 명확히 이해할 수 없다면 사용자와 의사 결정자들이 AI를 신뢰하기 어려울 수 있다. 둘째, 윤리적 문제다. AI가 편향된 결정을 내리고 사회적 불평등을 유발할 수 있다. 셋째, 규제 및 법적 책임의 문제다. AI의 결정 과정을 설명할 수 없다면 특히 금융, 의료 등과 같이 엄격한 규제가 존재하는 분야에서는 법적 요구 사항을 충족하기 어려울 수 있다.

참고문헌

superb ai(2023). 인공지능 모델을 어디까지 믿어야 할까?: 블랙박스 모델과 데이터 편향.
https://blog-ko.superb-ai.com/to-what-extent-should-we-trust-ai/

themarkup(2022). Dollars to megabits, You may be paying 400

times as much as your neighbor for internet service. https://themarkup.org/still-loading/2022/10/19/dollars-to-megabits-you-may-be-paying-400-times-as-much-as-your-neighbor-for-internet-service

07
로봇이 가진 편향과 사례

로봇은 인간보다 더 나을 수도, 더 나쁠 수도 있다. 그것은 우리가 어떻게 설계하느냐에 달려 있다. 로봇은 중립적이고 객관적일 것이라는 기대를 받지만, 인간이 설계하고 학습시키는 한 편향에서 자유로울 수 없다. 특정 인종이나 성별에 대한 차별적 행동을 보인 로봇, 그리고 편향된 데이터로 인해 잘못된 결정을 내린 사례들은 이를 잘 보여 준다. 이 장에서는 로봇이 가진 편향과 그로 인해 발생한 문제 사례를 분석하며, 이를 해결하기 위한 방법을 모색한다.

피드백 루프

로봇 경찰, 또는 자동화된 법 집행 시스템에서 발생할 수 있는 편향은 여러 가지로 나타날 수 있다. 이러한 편향은 기술 자체의 한계뿐만 아니라, 그것을 설계하고 운영하는 사람들이 가지고 있는 무의식에 의해 발생할 수 있다.

로봇 경찰의 피드백 루프는 로봇 경찰이 작동하면서 수집한 데이터와 그에 따른 행동이 다시 시스템에 영향을 미쳐, 향후 의사 결정에 변화를 주는 과정을 의미한다. 편향된 결과를 의사 결정을 위한 입력 데이터로 사용하는 AI 시스템은 시간이 지남에 따라 편향을 강화할 수 있는 피드백 루프(feedback loop)를 생성한다. 이러한 피드백 루프는 시스템의 성능을 개선하거나, 반대로 편향을 강화할 수 있다. 로봇 경찰의 피드백 루프는 여러 방식으로 나타날 수 있으며, 그 결과는 긍정적일 수도, 부정적일 수도 있다. 주요 유형은 다음과 같다.

1. 데이터 기반 학습 피드백 루프: 데이터 기반 자체 학습이 강화된다. 로봇 경찰은 사용 중에 수집한 데이터를 통해 스스로 학습하고, 그 결과를 바탕으로 미래의 의사 결정을 개선할 수 있다. 예를 들어, 특정 패턴을 인식하고 이를 바탕으로 효율적인 순찰 경로를 생성하거나 범죄 예측 능력을 향상할 수 있다. 그리고 로봇 경찰이

편향된 데이터를 학습할 경우 편향이 강화될 수 있다.

2. 감시 및 단속 피드백 루프: 강화된 단속과 감시가 이루어진다. 로봇 경찰이 특정 지역이나 집단에 대해 더 많은 단속을 하면, 해당 지역에서 더 많은 위반 행위가 발견될 가능성이 크다. 특정 집단에 대한 과잉 감시와 단속으로 이어질 수 있다. 사회적 불신과 불안을 강화할 수 있다. 과잉 단속이 반복되면, 해당 지역 주민들은 로봇 경찰에 대한 불신과 불안감을 가지게 될 수 있으며, 이는 경찰과 지역 사회 간의 갈등을 심화할 수 있다. 이는 다시 로봇 경찰이 해당 지역에서 비협조적인 행동을 더 감시 대상으로 삼게 만드는 피드백 루프로 이어질 수 있다.

3. 정책 피드백 루프: 긍정적으로 정책 강화 및 수정에 도움이 되는 경우도 발생한다. 로봇 경찰이 법 집행 데이터를 지속적으로 수집하고 분석함으로써, 정책 입안자들은 새로운 법률이나 규제를 도입할 근거를 마련할 수 있다. 예를 들어, 특정 범죄 유형이 증가하고 있음을 데이터로 확인한 후, 그에 맞는 새로운 법률이 제정될 수 있다. 반대로 정책 편향을 심화하기도 하는데, 로봇 경찰이 특정 집단이나 행동을 더 많이 단속하도록 설계되었을 경우, 이러한 단속 결과가 정책 변경을 촉발할 수 있으며, 이는 다시 그 집단에 대한 단속을 강화하는 방향

으로 정책이 발전할 수 있다. 이렇게 되면 기존의 편향된 정책이 더욱 강화되는 악순환이 발생할 수 있다.

4. 시민 행동 피드백 루프: 긍정적 효과로 로봇 경찰의 존재와 활동이 시민들의 행동에 영향을 줄 수 있다. 예를 들어, 사람들이 특정 지역에서 로봇 경찰의 감시가 강화되었다고 인식하면, 그 지역에서 불법 행위를 자제하거나 다른 지역으로 이동할 수 있다. 이는 다시 로봇 경찰의 데이터에 영향을 미치고, 감시 패턴을 변화시킬 수 있다. 하지만 로봇 경찰의 감시와 단속이 지나치게 강해지면, 시민들이 이에 대해 저항하거나, 로봇 경찰을 피하는 방법을 찾게 될 수 있다. 예를 들어, 특정 기술적 수단을 사용해 로봇 경찰의 감시를 회피하려는 시도가 나타날 수 있으며, 로봇 경찰이 이러한 행동을 감지하고 새로운 대응 방안을 찾도록 피드백을 제공하게 된다.

5. 기술적 피드백 루프: 기술적 개선과 한계 강화가 나타날 수 있다. 로봇 경찰이 현장에서 수집한 데이터를 분석하여 자신의 성능을 향상하고, 더 나은 의사 결정을 할 수 있게 된다. 예를 들어, 반복적인 실패나 오류 데이터를 학습하여 다음번에 더 정확한 예측이나 결정을 할 수 있지만, 시스템이 과도하게 복잡해지거나, 오류가 누적될 경우, 오히려 시스템의 성능이 저하되거나 예측의 정

확도를 떨어뜨려 부정적인 결과를 초래할 수 있다.

6. 사회적 피드백 루프: 현상적으로 로봇 경찰이 공정하고 정확한 법 집행을 지속하면, 시민들의 신뢰를 얻을 수 있으며, 로봇 경찰이 효과적으로 작동할 수 있는 사회적 환경을 조성하는 긍정적인 피드백 루프가 된다. 그러나 로봇 경찰이 편향되거나 불공정한 법 집행을 할 경우, 사회적 신뢰가 무너지고, 로봇 경찰의 효율성을 저하하며, 사회적 갈등을 초래할 수 있다. 이러한 불신은 로봇 경찰이 수집하는 데이터의 질을 떨어뜨리고, 같은 방식으로 편향된 결과를 초래할 수 있다.

이와 같은 피드백 루프는 로봇 경찰 시스템의 성능과 사회적 영향에 중대한 영향을 미칠 수 있다. 긍정적인 피드백 루프를 촉진하고, 부정적인 피드백 루프를 최소화하기 위해서는 신중한 시스템 설계와 지속적인 모니터링, 피드백에 대한 적절한 대응이 필요하다.

로봇 경찰이 가지는 알고리즘 편향

알고리즘은 범죄 예방 및 해결에 도움을 줄 수 있지만, 동시에 시스템이 어떻게 편향을 내포할 수 있는지를 보여 준다. 경찰은 주로 범죄 예측 알고리즘을 사용하여 범죄 발생 가능성이 높은 지역을 식별하고 경찰 자원을 배치한다. 과거 범죄 데이터를 분석하여 특정 지역과 시간대에 경찰의 집중 배치를 계획한다. 그러나 특정 인종적 및 사회경제적 그룹에 대해 더 높은 수준의 경찰 감시와 개입을 유도할 수 있다. 이로 인해 특정 커뮤니티가 더 자주 경찰 감시의 대상이 되고, 결과적으로 과잉 경찰 활동과 차별적 결과를 초래할 수 있어 사회적 불평등을 유도하게 된다.

알고리즘 편향은 로봇 경찰과 같은 자동화된 시스템에서 발생할 수 있는 편향으로, 알고리즘이 데이터를 처리하고 의사 결정을 내리는 방식에서 발생한다. 다음은 주요한 알고리즘 편향의 유형을 알아보자.

편향된 목표 함수(Biased Objective Function): 알고리즘이 최적화하고자 하는 목표가 편향되어 있을 때 발생하는 편향이다. 예를 들어, 범죄율 감소만을 목표로 설정하면, 알고리즘은 특정 지역이나 집단을 과도하게 감시하거나 엄격하게 처리할 수 있어 불공정한 결과를 초래할 수 있다.

데이터 불균형에 대한 민감성(Sensitivity to Data Imbalance): 알고리즘이 학습하는 데이터에서 특정 그룹이 과소 대표되거나 과대 대표되는 경우, 그 그룹에 대한 의사 결정이 왜곡될 수 있다. 예를 들어 범죄 데이터를 학습하는 알고리즘이 특정 인종이나 성별에 대한 데이터가 충분하지 않다면, 그 그룹에 대해 신뢰할 수 없는 판단을 내릴 가능성이 높다.

특징 선택 편향(Feature Selection Bias): 알고리즘이 어떤 변수(특징)를 중요하게 여길지를 결정하는 과정에서 발생하는 편향으로 예를 들어, 알고리즘이 학습 과정에서 특정 인구 통계 변수(예: 인종, 소득 수준)를 중요한 예측 변수로 선택하게 되면, 그 변수와 관련된 편향된 결정을 내릴 수 있다.

가중치 편향(Weight Bias): 알고리즘이 특정 특징에 지나치게 높은 가중치를 부여할 때 발생하는 편향이다. 예를 들어, 알고리즘이 특정 행동 패턴(예: 늦은 시간에 공공장소에 있는 것)에 과도한 가중치를 두게 되면, 이로 인해 특정 그룹이 부당한 관심을 받을 수 있다.

군집 편향(Clustering Bias): 알고리즘이 데이터를 군집화(클러스터링)하는 방식에서 발생하는 편향이다. 특정 그룹이나 행동 패턴을 지나치게 일반화하거나, 특정 집단에 불리하게 작용할 수 있다.

의사 결정 경계 편향(Decision Boundary Bias): 알고리즘이 데이터를 분류할 때 경계선을 설정하는 방식에서 발생하는 편향이다. 예를 들어, 알고리즘이 정상 행동과 비정상 행동을 구분하는 경계선을 설정할 때, 특정 그룹의 행동이 경계선에 가까워서 불리하게 분류될 수 있다.

자동화 편향(Automation Bias): 알고리즘이 인간의 의사 결정 과정을 자동화하는 과정에서 인간의 편향된 결정을 그대로 반영하거나, 자동화된 결정을 신뢰하게 되어 발생하는 편향이다. 예를 들어, 이전에 편향된 인간 판단을 학습한 알고리즘이 유사한 편향된 결정을 내릴 수 있다.

상호작용 편향(Interaction Bias): 알고리즘이 사용자와 상호작용하는 과정에서 발생하는 편향이다. 사용자가 알고리즘과의 상호작용에서 특정 패턴을 반복하거나 알고리즘이 이러한 패턴을 학습하게 되면, 알고리즘이 편향된 결과를 낼 수 있다.

알고리즘 편향을 줄이기 위해서는 알고리즘 개발 과정에서 공정성을 고려한 설계, 다양한 데이터 세트 사용, 지속적인 검토와 피드백을 통한 알고리즘의 성능 평가와 수정이 중요하다.

로봇 경찰이 가지는 데이터 편향

흑인이나 히스패닉 계열의 사람들이 사는 지역이나 인

종에 대한 위험성을 AI와 현실이 어떻게 동일하게 반영하고 있는 걸까.

로봇 경찰의 데이터 편향은 시스템이 사용하는 학습 데이터의 특성에 의해 발생하는데, 이러한 편향은 다양한 형태로 나타날 수 있다.

대표성 편향 (Representation Bias): 데이터 세트에 특정 인종, 성별, 연령대 또는 사회경제적 배경을 가진 사람들의 데이터가 과소 대표되거나 과대 대표되는 경우다. 로봇 경찰이 특정 인종의 범죄 데이터를 기반으로 주로 학습했다면, 해당 인종에 대해 부당한 감시나 조치를 취할 가능성이 있다.

역사적 편향(Historical Bias): 로봇 경찰이 과거의 데이터에 기반하여 의사 결정을 내릴 때, 그 데이터가 이미 존재하는 사회적 불평등이나 차별을 반영하고 있을 수 있다. 특정 지역에서의 과거 범죄 기록이 더 많다면, 그 지역에 대한 감시가 과도하게 집중될 수 있고 기존의 불평등을 더욱 심화할 수 있다.

선택 편향(Selection Bias): 데이터를 수집하는 과정에서 특정 사건이나 개체가 선택되거나 제외되는 방식에서 발생하는 편향이다. 특정 지역에서만 데이터를 수집하거나 특정 유형의 범죄만을 대상으로 데이터를 수집하면, 시스템은 제한된 시각으로만 상황을 판단할 수 있다.

측정 편향(Measurement Bias): 데이터를 수집하는 방법 자체에 내재된 편향이다. 경찰이 주로 특정 인종이나 성별을 대상으로 과잉 단속을 하는 경우, 그 데이터는 그 인종이나 성별이 실제로 범죄를 더 저지른다는 잘못된 인식을 심어 줄 수 있다. 이런 편향된 데이터가 로봇 경찰의 학습 데이터로 사용되면, 잘못된 결론을 도출할 수 있다.

레이블 편향(Label Bias): 데이터에 부여된 레이블이 편향되어 있을 때 발생한다. 경찰 보고서에 특정 인종의 사람들에 대해 더 높은 범죄 혐의가 붙여진다면, 이러한 레이블이 로봇 경찰의 학습 과정에서 왜곡된 판단을 내리게 할 수 있다.

자동화 편향(Automation Bias): 데이터 분석과 모델링 과정에서 자동화된 시스템이 인간의 편향된 결정을 그대로 학습하는 경우다. 인간 경찰의 편향된 판단이 기록된 데이터를 로봇 경찰이 학습하게 되면, 로봇 경찰도 동일한 편향된 판단을 할 수 있다.

이러한 데이터 편향을 줄이기 위해서는 다양한 출처에서 데이터를 수집하고, 데이터 세트를 공정하게 처리하며, 데이터의 불균형을 인식하고 교정하는 과정이 필요하다. 또 로봇 경찰 시스템의 결과를 지속적으로 모니터링하고 피드백을 통해 개선해 나가는 것이 중요하다.

로봇 경찰이 가지는 해석 편향

해석 편향은 로봇 경찰이나 다른 자동화 시스템이 데이터를 해석하고 결정을 내리는 과정에서 발생하는 편향을 의미한다. 시스템이 동일한 데이터를 기반으로 잘못된 결론을 도출하거나 특정한 방식으로 정보를 해석하여 불공정한 결과를 초래할 때 발생한다.

컨텍스트 무시 편향(Ignoring Context Bias): 알고리즘이 데이터를 해석할 때 상황적 맥락을 충분히 고려하지 않아서 발생하는 편향으로, 어떤 행동이 정상인지 아니면 위협적인지를 판단할 때, 그 행동이 발생한 상황이나 배경을 무시하면 잘못된 결론에 이를 수 있다. 예를 들어 늦은 밤에 공공장소에 있는 사람이 의심스러울 수 있지만, 그 사람의 직업이나 생활 패턴을 고려하지 않고 단순히 시간대만으로 판단하면 잘못된 해석을 할 수 있다.

개념적 편향(Conceptual Bias): 알고리즘이 특정 개념을 해석하는 방식에서 발생하는 편향이다. '의심스러운 행동'을 정의하는 알고리즘이 특정 집단이나 행동 유형을 과도하게 포함하거나 제외하면, 그에 따른 편향된 결과가 나올 수 있다. 특정 문화적 배경을 가진 사람들이 일반적으로 하는 행동을 의심스럽다고 판단하는 경우가 이에 해당할 수 있다.

경험적 편향(Empirical Bias): 알고리즘이 특정 패턴이나 과거 경험에 너무 의존하여 새로운 데이터를 해석하는 데 실패할 때 발생하는 편향이다. 예를 들어 로봇 경찰이 특정 지역에서 주로 발생한 과거 범죄 데이터를 기반으로 그 지역의 모든 활동을 범죄와 연관 지어 해석하면, 그 지역 주민들에 대해 과도한 단속이 이루어질 수 있다.

확증 편향(Confirmation Bias): 알고리즘이 특정 가설을 확인하기 위해 데이터를 해석하는 과정에서 발생하는 편향이다. 예를 들어 로봇 경찰이 특정 유형의 범죄가 특정 집단에서 더 많이 발생한다고 가정하고 데이터를 해석할 때, 그 가설을 확인할 수 있는 정보만을 선택적으로 강조하거나 해석하게 될 수 있다.

연관성 편향(Correlation Bias): 상관관계를 인과관계로 잘못 해석하는 편향이다. 예를 들어 로봇 경찰이 특정 지역에서 범죄율이 높은 이유를 인종적 또는 경제적 요인과 단순히 연관 지어 해석할 때 발생할 수 있다. 이런 해석은 실제 원인에 대한 이해 없이 특정 집단을 부당하게 평가하거나 단속하는 결과를 초래할 수 있다.

의사 결정 경계 편향(Decision Boundary Bias): 해석 과정에서 알고리즘이 데이터를 분류하는 경계가 특정 그룹에 불리하게 설정될 때 발생하는 편향으로, 위험한 행동과 그렇지 않은 행동을 분류하는 경계가 애매하게 설정되거나 특정 행동이 경계 근처에 있는 경우, 일부 그룹이 불리한 해석을 받을 수 있다.

과잉 일반화 편향(Overgeneralization Bias): 알고리즘이 특정 패턴이나 예외적인 상황을 전체 데이터에 과잉 적용하여 잘못된 해석을 하는 경우다. 예를 들어 특정 그룹의 일부가 저지른 범죄를 전체 그룹의 특징으로 일반화하여 해석하면, 그 그룹 전체에 대한 부당한 처우가 이루어질 수 있다.

문화적 편향(Cultural Bias): 알고리즘이 특정 문화적 기준이나 가치를 중심으로 데이터를 해석하여 발생하는 편향이다. 특정 문화적 행동이 다른 문화에서는 다르게 해석될 수 있지만, 알고리즘이 한 문화의 관점에서만 해석하면 잘못된 결론에 이를 수 있다. 예를 들어 특정 제스처나 행동이 다른 문화에서는 예의 있는 행동으로 간주되지만, 알고리즘이 이를 오해하여 불법 또는 의심스러운 행동으로 해석할 수 있다.

이러한 해석 편향을 줄이기 위해서는 알고리즘의 해석 과정에 다양한 관점을 반영하고, 맥락을 고려한 정교한 설계를 도입하며, 편향을 지속적으로 모니터링하고 수정하는 노력이 필요하다.

기술적 편향

로봇 경찰의 기술적 한계는 현재의 기술 발전 수준에서 자동화된 법 집행 시스템이 직면하는 문제들을 의미한다. 이러한 한계는 로봇 경찰의 성능, 공정성, 신뢰성에 영향을 미치며, 여러 측면에서 나타날 수 있다. 주요 기술적 한계를 살펴보면 다음과 같다.

1. 인식 정확도 부족: 얼굴 인식 기술은 인종, 성별, 조명 조건 등에 따라 인식 정확도가 달라져 오류를 일으킬 수 있다. 특히 어두운 피부색이나 비표준적 얼굴 특징을 가진 사람들에서 오인식이나 인식 실패가 발생할 가능성이 높아 이는 부당한 처벌이나 감시로 이어질 수 있다. 또 특정 행동을 감시하고 위험을 평가하는 알고리즘은 복잡한 행동 패턴을 잘못 해석할 수 있다. 예를 들어 특정 상황에서의 행동이 위협적인지를 잘못 판단해 무고

한 사람을 범죄자로 간주할 수 있다.

2. 상황 이해 부족: 복잡한 사회적, 문화적 맥락을 이해하는 데 한계가 있다. 사람들은 동일한 행동을 다양한 맥락에서 다르게 해석할 수 있지만, 로봇 경찰은 이러한 차이를 이해하고 반영하는 능력이 부족하다. 한 문화에서는 정상적인 행동이 다른 문화에서는 의심스러울 수 있지만, 로봇 경찰은 이러한 차이를 고려하지 못할 수 있다.

3. 데이터 의존성: 로봇 경찰의 성능은 사용된 데이터의 품질에 크게 의존한다. 학습 데이터가 충분히 다양하지 않거나 부정확한 데이터가 포함되면 편향된 결정을 내릴 가능성이 있다. 잘못된 데이터로 인해 특정 집단에 대한 과도한 감시나 부당한 대우로 이어질 수 있다.

4. 사이버 보안 취약성: 로봇 경찰 시스템은 사이버 공격에 취약할 수 있다. 해커가 로봇 경찰 시스템에 침입하여 데이터를 조작하거나 시스템을 마비시킬 경우, 공공 안전에 심각한 위협이 될 수 있고 개인의 민감한 정보가 유출될 위험도 존재한다.

5. 실시간 대응 능력 제한: 모든 상황에 대해 실시간으로 정확하게 대응하는 것은 기술적으로 매우 어렵다. 특히 복잡하고 예측할 수 없는 상황에서, 로봇 경찰이 올바

른 결정을 내리기 위해 필요한 데이터 처리 속도와 분석 능력에 한계가 있을 수 있다. 이로 인해 긴급 상황에서 부적절한 대응이 이루어질 가능성이 있다.

6. 윤리적 결정 능력 부족: 윤리적 판단을 내리는 데 필요한 직관적 이해나 도덕적 판단 능력이 부족하다. 법을 엄격히 적용해야 할 상황과 인간적인 고려가 필요한 상황을 구분하는 능력이 부족할 수 있다. 법을 기계적으로 적용해 부당한 결과를 초래할 수 있다.

7. 의사 결정 투명성 결여: 로봇 경찰의 알고리즘이 복잡할 경우 그 의사 결정 과정이 불투명해질 수 있다. 특정 결정을 내린 이유를 이해하기 어렵게 만들며, 이때 그 결과에 대해 책임을 묻는 것도 어려워진다. 로봇 경찰이 어떤 이유로 특정 행동을 위법으로 간주했는지 명확하지 않을 수 있다.

8. 물리적 한계: 로봇 경찰이 실제 물리적 환경에서 작동할 때, 이동성, 장애물 회피, 감각 정보의 정확한 처리 등의 문제에서 한계를 가질 수 있다. 예를 들어, 복잡한 지형에서의 이동이나 다양한 기후 조건에서의 작동이 어려울 수 있다. 기술적 한계들은 로봇 경찰의 활용을 제약할 수 있으며, 이를 극복하기 위해서는 지속적인 기술 개발과 윤리적 고려, 그리고 사회적 논의가 필요하다

제도적 편향

로봇 경찰의 제도적 편향은 시스템이 작동하는 법적, 사회적, 정책적 구조에서 발생하는 편향을 의미한다. 이러한 편향은 로봇 경찰이 특정 집단이나 개인에 대해 불공정한 대우를 하게 만들 수 있다. 제도적 편향은 시스템 설계 단계에서부터 운영 및 적용까지 다양한 방식으로 나타날 수 있다. 다음을 살펴보자.

1. 정책적 편향(Policy Bias): 법 집행 우선순위 편향으로 로봇 경찰이 법 집행의 특정 우선순위에 따라 설계될 때, 특정 범죄 유형이나 지역에만 집중할 수 있다. 예를 들어 정책적으로 특정 지역에서의 경범죄 단속을 강화하도록 설정되면, 그 지역 주민들은 다른 지역에 비해 과도한 단속의 대상이 될 수 있다.

예산 배분 및 자원 편향도 존재한다. 로봇 경찰 시스템이 특정 범죄 예방이나 단속에 더 많은 자원과 예산을 배분받는다면, 다른 중요한 법 집행 활동이 소홀히 다루어질 수 있다. 자원이 부족한 지역이나 범죄 유형에 대한 편향된 대응을 초래할 수 있다.

2. 법적 편향(Legal Bias): 기존 법률의 불공정성으로 인해 로봇 경찰이 적용하는 법률이나 규정이 특정 집단에 불리하게 작용할 경우, 로봇 경찰은 그 집단에 대해

편향된 행동을 할 수 있다. 예를 들어, 특정 인종, 계층, 혹은 사회적 지위에 따라 차별적인 법적 기준이 존재하는 경우, 자동화된 로봇 경찰의 집행으로 이어져 불공정한 결과를 초래할 수 있다. 반대로 로봇 경찰 도입과 관련하여 새로운 법적 기준이 마련되었을 때, 이 기준이 특정 집단을 불리하게 설정할 수 있다. 예를 들어 특정 유형의 기술 사용이 불법으로 간주될 경우, 그 기술을 주로 사용하는 집단이 과도한 단속 대상이 될 수 있다.

3. 구조적 편향(Institutional Structure Bias): 로봇 경찰의 설계 과정에서 특정 집단의 이해관계가 반영되지 않거나 소외될 수 있다. 예를 들어, 소수 집단이나 사회적 약자의 목소리가 반영되지 않은 채 시스템이 설계되면, 이들은 불공정한 대우를 받을 가능성이 높다. 그리고 운영 절차의 비대칭성을 들 수 있다. 로봇 경찰이 운영되는 절차가 특정 집단에 불리하게 설계되어 있을 수 있다. 예를 들어 항소나 이의를 제기하는 절차가 복잡하거나 접근하기 어렵다면, 자원이 부족한 집단은 이러한 시스템에서 불이익을 받을 가능성이 크다.

4. 감독 및 규제 편향(Supervision and Regulation Bias): 로봇 경찰의 운영에 대한 규제나 감독이 부족하거나 편향되어 있을 경우, 시스템의 편향성을 교정하기 어

렵다. 예를 들어 로봇 경찰의 결정에 대한 외부 검토나 평가가 충분히 이루어지지 않는다면, 잘못된 의사 결정이 지속될 수 있다. 무엇보다 책임의 불명확성이 존재한다. 로봇 경찰의 잘못된 작동이나 편향된 결정에 대한 책임 소재가 명확하지 않을 경우, 불공정한 결과가 초래되어도 그에 대한 시정이 어려울 수 있다.

5. 사회적 편향 및 정치적 편향(Social and Political Bias): 로봇 경찰이 사회적 불평등을 반영하여 특정 집단에 대해 편향된 법 집행을 할 수 있다. 예를 들어 정치적 목적에 따라 특정 집단에 대한 감시가 강화될 경우, 로봇 경찰이 그 집단을 대상으로 더 엄격한 조치를 취하게 될 수 있다. 그리고 정치적 영향력 행사가 용이하다. 로봇 경찰의 운영 방식이 특정 정치적 이념이나 권력 구조에 의해 좌우될 수 있다. 예를 들어 정치적 소수자나 반정부 활동가들이 로봇 경찰의 표적이 될 위험이 있다.

6. 기술적 제약에 따른 편향(Bias from Technical Constraints): 로봇 경찰의 기술적 인프라가 특정 지역이나 그룹에 불균형적으로 제공될 경우, 그 지역이나 그룹은 더 큰 감시와 통제를 받을 수 있다. 예를 들어 도시 지역에서는 로봇 경찰의 감시가 강화되고, 농촌 지역은 소외될 수 있다. 또 기술 발전 속도의 차이가 특정 국가나

지역에서 더 빠르게 이루어질 경우, 로봇 경찰의 적용 방식이 이 지역에 더 공격적으로 나타날 수 있다.

이러한 제도적 편향을 완화하기 위해서는 로봇 경찰의 설계와 운영에 대한 공정한 정책과 법적 기준을 마련하고, 다양한 사회적 배경을 반영하는 데이터와 시스템을 구축하며, 투명한 감독 및 규제 체계를 갖추는 것이 중요하다.

실제 사례 및 위험 알고리즘의 불공정 사례

여러 가지 편향을 만들어 낼 수 있는 데이터 처리와 알고리즘은 결국 자동화 시스템을 사용하는 많은 부문에 위험한 불공정의 판단과 사례를 만들 수 있다. AI가 편견으로 인해 실수를 저지르면(예: 특정 집단이 기회를 거부당하거나 사진에서 잘못 식별되거나 불공정한 처벌을 받는 등), 해당 조직은 브랜드와 평판에 손상을 입게 된다. 동시에 해당 집단과 사회 전체에 속한 사람들은 자신도 모르는 사이에 피해를 입을 수 있다.

최근 연구에서는 해로운 결과를 초래하는 기계 학습 알고리즘의 편향 사례가 많이 발견되었다. 유네스코 AI 윤리 권고는 AI 시스템 기술이 사회에 끼치는 영향이 여러 분야에 걸쳐 나타날 수 있고 그 양상 또한 불확실성이 크고 복잡할 수 있는 반면, 사전주의적으로 대응하지 않았을 때 부작용 또한 상당히 클 수 있기에 AI 시스템의 활용 이전에 윤리 영향 평가를 사용하고 이후에는 지속적인 모니터링을 통해 보다 바람직한 방식으로 AI 기술이 활용될 수 있도록 하자는 제안을 하고 있다.

성차별주의, 인종차별주의, 그리고 다른 형태의 차별은 우리가 어떻게 분류되고 광고되는지를 형성하는 많은 '지능적인' 시스템 뒤에 있는 기술을 기반으로 하는 기계 학습 알고리즘에 내장되어 있다. 이것들이 머신러닝 시스템을 어떻게 설계하고 훈련시키는지에 대해 경계할 필요가 있다. 2015년에 학계와 미디어 소스는 구글 검색에서 명백한 성 편견의 사례를 보고했다. 최고 경영자 이미지 검색의 상위 결과는 백인 남성의 사진만 반환했다. 카네기멜론대학교의 연구는 검색 엔진이 여성 구직자가 검색을 수행한다고 생각할 경우 고임금 임원 일자리에 대한 광고를 상당히 적게 표시했다는 것을 밝혀냈다.

AI의 불균형과 편견으로 발생할 수 있는 피해 사례를 살펴보자. 우선, 의료 분야에서 여성이나 소수 집단의 데이터가 과소 대표되면 예측 AI 알고리즘이 왜곡될 수 있다. 예를 들어 컴퓨터 보조 진단(CAD) 시스템은 백인 환자보다 아프리카계 미국인 환자에게 더 낮은 정확도의 결과를 제공하는 것으로 밝혀졌다. 둘째, 취업 시장에서 AI 도구는 검색 중 이력서 스캔을 자동화하여 이상적인 지원자를 식별하는 데 도움을 줄 수 있지만, 요청된 정보와 선별된 답변에 따라 그룹 간에 불균형한 결과를 초래할 수 있다. 예를 들어 구인 광고에 '닌자'라는 단어가 사용된 경우, 여성보다 남성이 더 많은 관심을 갖도록 유도할 수 있었다. 블룸버그는 이미지 생성 테스트를 위해 5000개 이상의 AI 이미지를 생성하도록 요청했고, 그 결과 백인 남성 CEO가 세계를 이끄는 지도자들로 나타났고, 이미지에서 여성은 의사, 변호사, 판사 같은 직업을 가진 경우가 드물었다. 직장 내 여성의 역할에 대한 성별 편견이 강화되고 있다. 또 다른 예로 구글이 '고임금 임원직' 광고를 남성 그룹에는 1852번 보여 주지만 여성 그룹에는 318번만 보여 준다는 보고가 있다. 아마존(Amazon)은 2014년에는 입사 지원자를 자동으로 선별하는 시스템 구축에 착수, 수백 개의 CV(computer vision)를 제공하고 10년 분량의 입사지원서를 교육하여 자동으로 최고의 후보를 선택하도록 했지만, 대부분의 기술직 직원은 남성이 선택되었다. 알고리즘은 여성보다 남성이 더 많기 때문에 남성이 더 적합한 후보자이며 남성이 아닌 지원자를 적극적으로 차별한다는 사실을 학습했다. 결국 2015년까지 전체 프로젝트를 폐기해야 했다. 또 최근 디지털 사진 기술에서 인종차별 알고리즘이 확인되었는데, 2015년 5월 플리커(Flickr)의 이미지 인식 도구는 흑인을 '동물' 또는 '유인원(apes)'으로 태그하여 인종차별적 결과를 보여 주었다. 휴렛팩커드의 소프트웨어를 사용하는 웹 카메라는 어두운 피부 톤을 인식하는 데 어려움을 겪었고, 니콘의 카메라 소프트웨어는 아시아 사람들을 눈 깜빡임으로 부정확하게 식별하고 있었기 때문이다. 셋째, 정치적 목적의 허위 정보 유포가 손쉽고 빨라졌다. 뉴욕타임스 기사에서 밝힌 바에 따르면, 2016년 대통령 선거 다음 날 아침, 페이스북 경영진이 뉴스피드 알고리즘을 통해 유권자들이 힐러리 클린턴에 부당하게 편향성을 조장하고, 선거 결과에 도널드 트럼프에게 유리하게 영향을 미치도록 하기 위해 고의적인 가짜 뉴스와 오보를 유포했다는 여러 소식통의 비난이 쏟아졌다. 구글 검색과 디지털 사진 기술에서 인종 및 성별 편향의 예는 이유나 경로를 알 수 없지만, 페이스북의 알고리즘은 정기적으로 수십억 명에게 공개적인 인종차별, 성차별 및 극보수주의(alt-right) 콘텐츠를 주류 플랫폼에 배포하고 있다. 넷째, 큰 말뭉치(Large corpora of text, 예: 구글 뉴스, 웹 페이지, 위키피디아)

에서 학습되는 단어 임베딩(Word Embedding)은 여성과 소수민족에 대한 실제 편견을 반영하고, 특정 10년의 데이터에 대해 훈련된 임베딩 모델이 당시의 편견을 반영한다는 것을 보여 준다. 예를 들어, 간호사(nurse) 또는 엔지니어(engineer)와 같은 성별 직업 단어는 각각 여성 또는 남성을 나타내는 단어와 연관성이 높다. 다양한 자연언어처리(NLP) 애플리케이션(예: 챗봇, 기계 번역, 음성 인식)은 이러한 유형의 단어 임베딩을 사용하여 구축되며, 그 결과 유해한 고정관념을 인코딩하고 강화할 수 있다. 데이터를 완벽하게 측정하고 표본을 추출하더라도, 세상이 그대로 또는 과거에 해로운 결과를 생성하는 모델로 이어진다면, 역사적 편견이 발생한다. 이것은 특정 그룹에 대한 표현에 고정관념을 강화한다고 평가받는다. 기계 학습 알고리즘 교육을 위해 데이터를 수집하는 동안 주의하지 않으면 과거 데이터에 존재했던 편견을 포함하기가 매우 쉽다. 요즘 사회에서 많은 중요한 결정들이 알고리즘에 의해 내려지고 있다. 이 알고리즘은 내부 세부 정보에 접근할 수 없는 상자 안, 블랙박스(blackbox)에서 실행된다. AI와 머신러닝의 인기와 더불어 다양한 분야에서의 응용과 확산으로 안전 및 공정성 제약은 연구원과 엔지니어에게 중요한 문제가 되었다(송진순, 2023).

마지막으로 형사 사법 시스템에서 일부 조직에서 사용하는 AI 기반 예측 치안 도구는 범죄가 발생할 가능성이 있는 지역을 식별하는 데 사용된다. 그러나 이러한 데이터는 과거 체포 데이터에 의존하기 때문에 기존의 인종 프로파일링 패턴과 소수자 커뮤니티에 대한 불균형적인 표적화 패턴을 강화할 수 있다. 미 법원은 피고인이 범죄를 저지를 확률을 평가하기 위해 머신러닝 기법인 컴퍼스(COMPAS)를 사용하고 있다. 범죄자의 재범 위험을 평가하기 위해 사용되는 도구로, 법원에서 판결을 내릴 때 참고 자료로 사용된다. 이 도구는 개인의 범죄 이력, 사회적 배경 등을 기반으로 재범 위험을 예측한다. 그런데 인종적 편향을 내포하고 있으며, 특히 아프리카계 미국인에 대해 높은 재범 위험을 예측하는 경향이 있다는 것이 지적된다. 이는 공정한 재판과 형량 결정이 필요한 의료 분야, 아동 복지 시스템 및 모든 응용 프로그램은 올바르게 설계되지 않으면, 즉 공정성 측면에서 사회에 해를 끼칠 수 있음을 의미한다(이전 장 참고). 얼굴 인식 애플리케이션, 음성 인식 및 검색 엔진의 편향과 같은 실제 세계의 편향에 대해 연구자와 엔지니어는 알고리즘이나 시스템을 모델링할 때 다운스트림 애플리케이

선과 잠재적인 유해 영향에 대한 민감한 예측을 가지고 있어야 한다.

참고문헌

이슬아(2023). 인공지능 판사 앞의 7가지 숙제 −재범위험성 예측 알고리즘을 둘러싼 과학기술적·법적 논의 분석.
https://www.kci.go.kr/kciportal/ci/sereArticleSearch/ciSereArtiView.kci?sereArticleSearchBean.artiId=ART002966211

GBH(2024). How AI-powered robots in law enforcement could become a tool for 'supercharging police bias'.
https://www.wgbh.org/news/local/2024-04-30/how-ai-powered-robots-in-law-enforcement-could-become-a-tool-for-supercharging-police-bias

MITtechnology(2020). Predictive policing algorithms are racist. They need to be dismantle.
https://www.technologyreview.com/

UCLALAWREVIEW(2016). Policing Police Robots
https://www.uclalawreview.org/policing-police-robots/

08
책임 있는 AI와 포용성

"기술의 진보는 그 자체로는 불완전하다.
모두를 위한 공정성과 포용이 뒷받침될 때
진정한 발전이 된다." – 순다르 피차이
AI는 사회를 혁신할 잠재력을 지니고 있지만,
공정성과 포용성을 간과하면 불평등을 심화할
위험이 크다. 책임 있는 AI란 단순히 기술적
우월성을 넘어, 다양한 배경과 필요를 아우르는
시스템을 의미한다. 이 장에서는 포용성을
중심으로 한 AI 개발의 필요성과 실천 방안,
그리고 이를 통해 사회적 신뢰를 구축하는
방법을 살펴본다.

디지털 디바이드, 불평등

책임 있는 AI의 구현과 사회적 약자 관계는 중요한 사회적·윤리적 논의의 주제다. AI 기술이 발전하면서 다양한 분야에서 활용되고 있지만, 그 과정에서 사회적 약자에 미치는 영향에 대해 주의가 필요하다. 몇 가지 주요 이슈에 대해 알아볼 필요가 있다.

능수능란하게 업무에 활용하는 AI 네이티브가 늘면서 디지털 디바이드(digital divide)보다 더 무서운 AI 디바이드(AI divide)가 현실화하고 있다. AI는 엄청난 생산성 향상을 가져와 AI를 효과적으로 활용하는 사람과 그렇지 못한 사람의 격차가 커지고 있다. 마이크로소프트(MS)는 자사의 생성형 AI 앱인 코파일럿을 사용한 297명에게 물어본 결과를 2023년 11월 발표했다. 설문에 따르면, 코파일럿 사용자의 70%가 종전보다 생산성이 높아졌다고 답했고, 68%는 작업 품질이 향상됐다고 응답했다. 매킨지 글로벌 연구소는 세계경제포럼(WEF) 발표에서 2030년까지 (근로자) 총임금의 약 13%가 높은 수준의 디지털 기술이 필요한 작업으로 전환돼 임금 상승을 일으키는 반면, 디지털 기술이 낮은 근로자는 임금의 정체 또는 감소를 경험할 수 있다고 전했다. 2023년 한국언론재단 미디어연구센터가 20~50대 1000명을 대상으로 한 온라인 설문조사에서도 '챗GPT를 이용한다' 는 비율은 32.8%에 그쳤고, 유료 이용자는 전체 응답자의 5% 수준에 불과했다. 직업이나 업무에 따라 AI 활용도 차이는 크게 벌어졌다. 업무적으로 절박한 필요성이 있는지, 빠른 업무 속도보다는 정확성을 우선으로 하는지, 직장에서 AI 활용을 권장하는지 등에 따라 벌어지기도 한다. 최근 미국 마이크로소프트 연구소가 내놓은 '미국에서 떠오르는 AI 격차' 보고서에 따르면, 캘리포니아주 등 미국 서부 해안 지역은 챗GPT 월간 평균 검색 비율이 높아 AI 활용이 높은 지역으로, 루이지애나 · 앨라배마 · 미시시피주 등은 챗GPT 검색 비율이 낮은 곳으로 분류됐다. 미국 내에서도 상대적으로 더 도시화됐고, 소득이 높으며, 교육 수준이 높고, 아시아인이 많으며, 기술 관련 일자리가 많은 곳일수록 챗GPT에 대한 접근성이 높고, 이로 인한 미국 내 AI 불균형이 심화하고 있다는 게 이 보고서 내용이다.

지역을 넘어 선진국과 개발도상국 사이 AI 디바이드도 현실화하고 있다. 선진국은 인구 고령화와 높은 인건비 등으로 AI 도입에 대한 필요가 높은 반면, 개도국은 디지털 기반 시설이 부족하고, 근로자 인건비도 상대적으로 낮은 편이라 AI 도입에 대한 동기가 약하다. 저소득

표 8-1. 시기별 정보 격차에 관한 개념 재정의

변화 단계	도입기	도약기	포화기	과포화기
정보 격차 종류	접근격차 (access divide)	이용격차 (usage divide)	활용수준의 격차 (divide steamming from the quality of use)	기본권 보장의 격차 (divide guranteeing of the fundamental human right)
용 어	초기 정보 격차	1차 정보 격차	2차 정보 격차	3차 정보 격차
설 명	접근이 가능한 사람과 가능하지 않은 사람 사이의 차이	이용자와 이용자가 아닌 사람 사이의 차이	이용자와 이용자 사이의 차이	사회취약계층과 비사회취약계층 사이의 차이

출처: 송진순, 2022, OMNES, 12(2), The Implications of Providing Voice-Based Chatbots in Public Service for Digital Inclusion and Public Communication

국가 상당수는 AI 이점을 활용할 수 있는 기반 시설이나 숙련된 인력이 없어 (국가 사이) 불평등이 심해질 위험이 커진다며 국가는 포괄적 사회 안전망을 구축하고 (AI 기술에) 취약한 근로자를 위한 재교육 프로그램을 제공하는 게 중요하다고 말했다.

디지털 디바이드가 디지털 기기를 사용할 수 있는 사람과 그렇지 못한 사람 사이 격차를 일컫듯, AI 디바이드는 AI를 잘 활용하는 사람과 그렇지 못한 사람 사이 격차를 의미한다. 전 세계 거의 4분의 1의 인구가 디지털 소외 계층으로 남아 있는 가운데, AI 기술이 이 격차를 해소할 수 있는지에 대한 논의가 활발해지고 있다. 표 8-1에서 알 수 있듯 디지털 소외 계층은 온라인 연결 시스템이 제공하는 사회적, 교육적, 경제적 혜택을 충분히 누리지 못하고 있다(송진순, 2022). 현재의 디지털 격차가 AI의 발전과 어떻게 상호 작용할지는 여전히 불분명한 상태이며, AI 기술의 포용적인 발전을 위한 새로운 도전 과제라는 것이다(위키리크스 한국, 2024).

이러한 상황에 대응하기 위해 미국 유럽을 비롯한 각 대륙의 국가들은 '포용적인 AI의 미래'에 대해 고민하고 있다. ≪AI와 윤리≫ 저널에 발표된 새로운 연구는 현재의 디지털 소외 문제에서 교훈을 얻지 못하면, 이것이 향후 사람들의 AI 사용 경험에도 부정적인 영향을 미칠 것이라고 경고했다. 오늘날, 디지털 격차는 전 세계적으로 심각한 사회적 문제로 부상하고 있다. 이 격차는 특히 디지털 서비스에 접근하고, 비용을 지불하고, 사용에 어려움을 겪는 사람들의 삶의 질을 현저히 떨어뜨리는 현상이다. 고령자, 외딴 지역 거주자, 저소득층, 원주민 등이 디지털 소외를 겪을 가능성이 더 높다. 전 세계 인구의 3분의 1이 아직도 오프라인 상태에 머물고 있으며, 특히 저소득 및 중간 소득 국가의 여성들은 디지털 접속에 있어 훨씬 더 큰 장벽에 직면해 있다. 이러한 상황은 기술의 발전이 모든 사람에게 동등하게 혜택을 주는 것이 아니라, 특정 계층이나 집단을 배제할 수 있음을 시사하며, 디지털 포용성에 대한 새로운 접근이 필요함을 나타내고 있다.

사회적 약자를 위한 AI: 배리어프리

배리어프리(Barrier-Free)는 물리적, 사회적, 심리적 장벽을 제거하여 누구나 차별 없이 사회에 참여할 수 있도록 하는 개념이다. 특히 장애인, 노인, 임산부 등 사회적 약자를 포함한 모든 사람이 불편함 없이 일상생활을 할 수 있도록 돕는 다양한 접근 방식과 환경이 조성될 수 있도록 노력하는 공존하는 세상을 만드는 것이 중요하다. AI와 사물인터넷(IoT), 로봇 등 첨단 기술이 장애인과 노인 같은 사회적 약자를 돕고 있어 눈길을 끈다. 대한민국 사회의 고령화가 한층 가속화하는 가운데 이러한 첨단 기술은 사회통합을 위한 새로운 열쇠가 될 것으로 기대

된다(aitimes, 2019).

배리어프리와 AI는 상호 보완적으로 작용할 수 있다. AI 기술은 배리어프리 환경을 지원하고 강화하는 데 중요한 역할을 할 수 있으며, 반대로 배리어프리 개념은 AI 시스템을 설계하고 구현하는 과정에서 포용성과 접근성을 높이는 중요한 지침이 될 수 있다. AI는 장애인과 같은 사회적 약자가 디지털 환경에 더 쉽게 접근할 수 있도록 돕는다. 시각 장애인을 위한 음성 인식 및 텍스트 음성 변환 기술, 청각 장애인을 위한 실시간 자막 생성 및 수화 인식 시스템 등이 있다. AI는 자동으로 주변 환경을 분석하고, 사용자에게 최적의 도움을 제공할 수 있다. 시각 장애인을 위한 AI 기반 내비게이션 앱은 카메라를 통해 사용자의 주변 환경을 인식하고, 안전하게 길을 안내할 수 있다. AI를 활용한 스마트 홈 시스템은 노인이나 장애인이 음성 명령이나 제스처를 통해 집 안의 다양한 기능(조명, 온도 조절, 문 잠금 등)을 제어할 수 있게 한다.

배리어프리 AI 시스템의 조건

첫째, 포용적 설계(Inclusive Design)다. AI 시스템을 설계할 때 배리어프리 개념을 적용하면 다양한 사용자의 필요를 충족할 수 있다. AI 시스템은 다양한 사용자의 능력과 환경을 고려하여 다각적인 접근 방법을 제공해야 한다. 일례로 SKT가 제공하는 시각 장애인의 편안한 일상을 돕는 눈인 설리번 서비스, AI 기반의 시각 보조 음성 안내 서비스, 행동 분석 기술을 활용해 발달장애인을 지켜 주는 AI 케어, 청각 장애인 기사들의 일자리 창출과 안전한 차량 운전을 위해 청각 장애인의 꿈이 담긴 운송 수단인 고요한 M, 장애 청소년의 정보통신 기술(ICT) 역량 강화를 위한 행복AI코딩스쿨 등이 있다(skt,2024). 둘째, 편향성 최소화다. AI 모델이 특정 집단에 불리하게 작용하지 않도록 학습 데이터에 대한 검토와 조정을 통해 편향성을 최소화하는 것이 중요하다. 셋째는 사용자 맞춤형 서비스로 AI는 각 사용자의 필요에 맞춘 개인화된 서비스를 제공할 수 있다(복지타임즈, 2024). 시각 장애인 전용 AI 서비스 '소리세상', 독거노인을 위한 실버 아파트, 독거노인들과 말동무가 돼 치매 증세를 조기에 진단하는 AI 로봇 '루드비히'도 개발 중이다. 또한 AI 장보기 서비스 등이 있다(aitimes, 2019).

음성 비서와 스마트 디바이스 구글 어시스턴트(Google Assistant), 아마존 알렉사(Amazon Alexa) 등의 AI 기반 음성 비서는 손을 사용하기 어려운 사용자에게 큰 도움이 된다.

장애인 학생들을 위한 AI 기반 교육 플랫폼은 학습 자료를 음성으로 읽어 주거나, 쉬운 언어로 변환하는 등의 기능을 제공한다.

AI는 개인화된 건강 관리 서비스를 제공할 수 있으며, 특히 노인이나 장애인이 정기적인 건강 모니터링을 통해 안전하게 생활할 수 있도록 돕는다.

AI와 배리어프리의 결합은 더 포용적이고 접근 가능한 사회를 만드는 데 중요한 역할을 할 수 있다. AI는 배리어프리 환경을 구현하고, 배리어프리 개념은 AI 시스템을 더욱 공정하고 포용적으로 만드는 데 기여한다. 이러한 상호작용을 통해 기술이 모든 사람에게 이익을 줄 수 있는 미래를 향해 나아갈 수 있다.

책임 있는 AI란 무엇인가?

"기술 기업들이 '먼저 기술을 개발하고 나중에 바로잡자'라고 생각하는 것은 잘못된 것이며, 효과도 없다는 것을 깨달아야 한다"며 "기술 대기업들이 '자체적으로' 인공지능이 인류에 해가 되지 않도록 할 책임이 있다"는 피차이 전 구글 CEO의 주장은 AI 기술이 장기적으로 인류에게 이로울 것이라는 데는 의심의 여지가 없지만, AI의 잠재적 위험에 대해서 기술이 공격 목적의 감시나 살상 무기 개발, 그리고 잘못된 정보의 확산에 사용될 수 있다고 경고한 다른 비판론자와 궤를 같이하는 것이다. 테슬라의 설립자인 일론 머스크 같은 사람은 "AI가 핵무기보다 훨씬 더 위험"할 것으로 판명될 것이라는 끔찍한 예측을 하기도 했다.

도덕적으로 올바르고 사회적으로 책임감 있는 방식으로 개발되고 사용되는 AI를 책임 있는 AI(Responsible AI, RAI)라고 한다. 책임 있는 AI는 AI 시스템을 안전하고 신뢰할 수 있으며 윤리적인 방식으로 개발, 평가 및 배포하는 접근 방식이다. AI 시스템은 이러한 시스템을 개발하고 배포하는 사용자에 의한 다양한 의사 결정의 산물이다. 책임 있는 AI는 사전에 시스템 용도에서 사용자가 AI 시스템과 상호 작용하는 방법에 이르기까지 이러한 결정을 더 유익하고 공평한 결과로 안내하는 데 도움이 될 수 있다. 즉, 사람과 목표를 시스템 설계 결정의 중심에 두고 공정성, 신뢰성 및 투명성과 같은 지속적인 가치를 존중하는 것을 의미한다(learn.microsoft.com, 2024). 블랙박스 AI와 기계 편향으로 인해 발생할 수 있는 부정적인 재정적·평판적·윤리적 위험을 줄이기 위해, 책임 있는 AI의 지침 원칙과 모범 사례는 소비자와 생산자 모두에게 도움이 되도록 고안되었다.

첫째, AI 시스템은 모든 사람을 공정하게 대하고 비슷한 상황에 있는 집단에 상이한 방식으로 영향을 미치지 않아야 한다. 예를 들어 AI 시스템에서 의료, 대출 신청 또는 고용에 대한 지침을 제공하는 경우 증상, 재정 상황 또는 전문 자격이 비슷한 모든 사람에게 동일한 권장 사항을 제안해야 한다.

둘째, 신뢰를 구축하려면 AI 시스템이 안정적이고 안전하며 일관되게 작동해야 한다. 예상하지 못한 조건에서도 원래 설계대로 안전하게 대응하고 유해한 조작에 대한 저항성이 있어야 한다. 시스템이 작동하는 방식과 처리할 수 있는 다양한 조건은 개발자가 설계 및 테스트 중에 예상한 상황과 환경의 범위를 반영한다.

셋째, 투명성의 요건으로 AI 시스템이 사람들의 삶에 엄청난 영향을 주는 결정을 알리는 데 도움이 되는 경우 사람들이 이러한 결정을 내린 방법을 이해하는 것이 매우 중요하다. 예를 들면, 은행은 AI 시스템을 사용하여 신뢰할 수 있는 사람인지를 결정할 수 있다. 회사는 AI 시스템을 사용하여 채용할 가장 적합한 후보자를 결정할 수 있다. 투명성의 중요한 부분은 해석력으로, AI 시스템 및 해당 구성 요소의 동작에 대한 유용한 설명이다.

해석력을 높이려면 관련자가 AI 시스템이 작동하는 방식과 이유를 이해해야 한다. 관련자가 잠재적인 성능 문제, 공정성 문제, 배제 사례 또는 의도하지 않은 결과를 식별할 수 있어야 한다. 책임 있는 AI를 만들고 사용하는 조직과 사람들은 기술이 내리는 판단과 행동에 대해 책임을 져야 한다.

넷째, AI가 널리 사용됨에 따라 개인정보를 보호하고 개인 및 비즈니스 정보를 보호하는 것이 중요하고 복잡해지고 있다. 2020년 우리나라는 데이터 3법(개인정보보호법, 정보통신망법, 신용정보법)을 시행하고 개인정보법에 가명 정보 개념을 도입, 개인정보 유출 등을 감독할 컨트롤타워로서 개인정보위원회를 출범시켰다. 따라서 AI 시스템은 정보 주체가 개인정보를 주도적으로 유통·활용할 수 있게끔 권리 보장을 강화하며, 개인정보보호법을 준수해야 한다.

다섯째, 책임성에 관한 사항으로 AI 시스템을 설계하고 배포하는 사용자는 시스템의 작동 방식에 대해 책임을 져야 한다. 조직은 업계 표준을 기반으로 책임성 규범을 개발해야 하며, 인간이 고도로 자율적인 AI 시스템에 대해 의미 있는 제어를 유지하도록 보장할 수 있다. RAI 출력이 도덕적 AI 개념 및 사회적 규범과 일관되게 일치하도록 하려면 지속적인 모니터링이 필요하다. 모든 AI 시스템은 적절한 경우 인간의 모니터링과 개입이 가능하도록 설계되어야 한다.

블랙박스 AI VS 화이트박스 AI

블랙박스 AI와 화이트박스 AI는 AI 시스템을 개발하는 데 서로 다른 접근 방식이다. 특정 접근 방식의 선택은 AI 시스템의 구체적인 응용 분야와 목표에 따라 달라진다. 블랙박스 AI 시스템의 입력과 출력은 알려져 있지만, 시스템의 내부 작동 방식은 불투명하거나 이해하기 어렵다. 반면, 화이트박스 AI는 결론을 내리는 방식에 대해 투명하고 해석 가능하다. 예를 들어 데이터관리자는 알고리즘을 조사하여 알고리즘이 어떻게 동작하는지, 어떤 변수가 판단에 영향을 미치는지 확인할 수 있다. 화이트박스 시스템의 내부 작동 방식은 투명하고 사용자가 쉽게 이해할 수 있어, 이를 설명 가능한 AI(Explainable AI) 모델이라 하며 네 가지 원칙이 있다. 1) AI 시스템은 '각 출력에 대한 증거, 뒷받침 또는 추론'을 제공해야 한다. 2) AI 시스템은 사용자가 이해할 수 있는 설명을 제공해야 한다. 3) AI 시스템이 출력에 도착하는 데 사용한 과정이 설명에 정확히 반영되어야 한다. 4) AI 시스템은 의

도된 조건에서만 작동해야 하며, 결과에 대한 충분한 신뢰가 결여된 경우에는 출력을 제공하지 않아야 한다. XAI 원칙의 사례로는 1) 알고리즘의 주제를 알려 준다. 대출이 승인 또는 승인되지 않은 이유에 관한 설명이 있다. 2) AI 시스템에 대한 사회적 신뢰를 구축한다. 특정 출력을 설명하는 대신 일부 유형의 설명은 신뢰를 높이기 위해 사용되는 모델과 접근 방식을 정당화한다. 알고리즘의 목적, 생성 방법, 사용된 데이터, 출처, 강점과 한계가 무엇인지 설명하는 것이 포함될 수 있다. 3) 규정 준수 또는 규제 요구 사항을 충족한다. 규제가 엄격한 산업에서 AI 알고리즘이 더 중요해짐에 따라 규제 준수를 입증할 수 있어야 한다. 자율주행용 AI 알고리즘은 적용 가능한 교통 규정을 어떻게 준수하는지 설명해야 한다. 4) 추가 시스템 개발을 지원한다. 기술 담당자는 AI 개발 중에 시스템 개선을 위해 시스템에서 잘못된 출력이 발생하는 위치와 이유를 파악해야 한다. 6) 알고리즘의 소유자에게 이익을 준다. 기업은 모든 업종에 AI를 배포하여 많은 혜택을 누릴 수 있을 것으로 기대한다. 스트리밍 서비스는 사용자가 서비스를 계속 구독하도록 하는 설명 가능한 추천 기능의 이점을 활용한다(netapp, 2022). 이러한 접근 방식은 의료 진단이나 재무 분석과 같이 AI

가 결론을 도출한 방식을 아는 것이 중요한 의사 결정 애
플리케이션에 자주 사용된다(techtarget.com, 2023).

참고문헌

Techtarget.com(2023). What is black box AI?.
   https://www.techtarget.com/whatis/definition/black-box-
   AI
learn.microsoft.com(2024). 책임 있는 AI란?.
   https://learn.microsoft.com/ko-kr/azure/machine-learnin
   g/concept-responsible-ai?view=azureml-api-2
복지타임즈(2024.4.30). 장애인 2명 중 1명 '노인'…장애인구도
   고령화 현상 지속.
   https://www.bokjitimes.com/news/articleView.html?idxno
   =37506
skt(2024).장애인 일상 속 장벽 허무는 SKT 배리어프리 AI.
   https://news.sktelecom.com/203192
AITIMES(2019.4.8). 사회적 약자 돕는 첨단기술…AI가 장봐주고
   로봇이 말동무 해줘.
   https://www.aitimes.com/news/articleView.html?idxno=4
   7512
위키리스크한국(2024.3.30). 인공지능은 디지털 소외계층의 격차를
   축소할 것인가, 아니면 악화시킬 것인가.
   http://www.wikileaks-kr.org/news/articleView.html?idxn
   o=151052
이코노믹리뷰(2018.12.23). 구글 피차이 CEO "AI에 대한 우려 '매우'
   합당하다".
   https://www.econovill.com/news/articleView.html?idxno=

353219

netapp(2022). 설명 가능한 AI: 무엇이고 어떻게 가능할까요? 그리고, 데이터의 역할은 무엇입니까?.

https://www.netapp.com/ko/blog/explainable-ai/

09
로봇 경찰의 윤리적 프레임워크

"사람들은 윤리적인 틀을 개발하고, 비컴퓨터 과학자들을 개발 초기 단계에 참여시켜야 한다. 이 기술이 인간성에 크게 영향을 미치기 때문에, 좀 더 대표적인 방식으로 인간성을 참여시켜야 한다." – 순다르 피차이(전 구글 CEO)

로봇 경찰이 치안 유지와 법 집행에 활용되면서, 기술적 가능성과 윤리적 한계의 경계가 시험대에 올랐다. 로봇 경찰은 공정과 인권을 지킬 수 있는 존재인가, 아니면 통제와 편향의 도구로 전락할 위험을 안고 있는가? 로봇 경찰의 윤리적 프레임워크를 탐구하며, 책임감 있는 설계와 사용을 위한 기준을 제안한다.

AI 프레임워크

AI는 인간 언어를 이해하고 만들고, 데이터 세트 내의 복잡한 패턴을 식별하고, 정교한 의사 결정 프로세스를 실행하는 것을 포함하여 전통적으로 인간 지능에 기인하는 작업을 실행하는 능력을 프로그램에 제공한다. AI 프레임워크는 학습, 적응 및 진화가 가능한 고급 지능형 시스템을 구축하는 데 필요한 기본 요소 역할을 하거나 가이드라인을 제공한다. AI 윤리적 프레임워크는 AI 알고리즘의 개발 및 배포를 용이하게 하도록 설계되어 인간과 대등한 지식을 축적함으로써 부작용이 일 수 있다. 이에 대한 준비가 필요하다. 윤리성이 강조되며, 모두의 노력이 포함될 수 있도록 설계되는 작업이 필요하다.

급속한 기술 발전 속 AI는 소프트웨어 개발의 초석이 되었다. AI는 인간 언어를 이해하고 만들고, 데이터 세트 내의 복잡한 패턴을 식별하고, 정교한 의사 결정 프로세스를 실행하는 것을 포함하여 전통적으로 인간 지능에 기인하는 작업을 실행하는 능력을 프로그램에 제공한다. AI 프레임워크는 학습, 적응 및 진화가 가능한 고급 지능형 시스템을 구축하는 데 고려해야 하는 기본 요소를 가이드하는 역할을 할 것이다. AI 윤리 기준과 규제에 대한 관심은 기술적인 급격한 발전에 뒤따라올 많은 이상 징

후들과 함께 최근 집중되기 시작했다. 사실 AI 윤리 제도 확립에 대한 논의는 개발자들, 거대 플랫폼과 이해관계가 얽혀 구체화에 어려움이 있다. 로봇은 물리적 인공물로 '내장된 AI(embeded AI)'다(Winfield, 2012). 따라서 로봇 사용과 활용에 안전성이란 제어 능력에 따른 것으로, 제어 실패는 심각한 위해 또는 부상을 초래할 수 있다는 점에서 내장된 AI의 의사 결정은 사회의 안전 또는 인간의 복지에 실질적인 결과를 가져온다. 따라서 지능형 자율 시스템(intelligent autonomous systems, IAS)의 의사 결정에서 불안정성을 줄이기 위해서는 시민들의 신뢰(trust)와 투명성(transparency)과 검증(verification)과 확인(validation)이라는 두 가지 차원에서 확답이 필요하다. 특히 의사 결정에 대한 불안정성의 첫 번째 원인으로는 학습하는 시스템의 검증 문제다. 일반적으로 정기적인 검증을 받는 시스템은 확인을 통해 절대로 동작을 임의로 변경하지 않을 것이라고 가정하지만, 현재의 검증 방식은 학습을 통해 동작을 변경하므로 모든 검증이 무효화할 가능성이 높다. 두 번째는 신뢰와 투명성 차원에서 블랙박스(blackbox) 문제가 발생한다. 가장 큰 관심을 받고 있는 딥러닝 시스템은 인공 신경망(artificial neural networks, ANN)을 기반으로 한다. ANN의 특징은 데이터 세트로 훈련된 후 ANN이 특정 결정을 내리는 이유와 방법을 이해하기 위한 ANN의 내부 구조를 조사하려는 시도가 거의 불가능하다는 것이다. ANN의 의사결정 과정은 불투명(opaque)하다. AI는 인간의 편견을 복제할 뿐만 아니라 이러한 편견에 과학적 신뢰성(trust)을 부여받아 AI가 내리는 예측과 판단이 객관적인 위상을 가진 것 같다(Campolo et al., 2017). 이로 인해 디지털 기술의 정책과 관행에 의해 야기되는 불평등이 두드러지고 있다. 특정 취약 계층 대상에 훨씬 미묘한 형태의 차별이 가능하다. 이러한 알고리즘적 불평등은 기술 회사가 외부 감독 없이 독점적으로 개인의 성격 특성이나 경향을 통계적으로 분류해 개인에게 점수를 적용하는 비규제 데이터 기술 사용으로 더욱 활성화된다. 방대한 양의 디지털화된 정보를 사용한 예측 치안 프로그램은 개인 또는 지리적 위치에 대한 범죄 위험을 예측할 수 있고, 미래에 범죄가 발생할 가능성이 더 높은 지리적 위치를 식별할 수 있으며, 경찰서는 이 정보를 사용하여 순찰 자원을 재분배할 수 있다. 미래에는 경찰 자원의 할당과 고용에 더욱 개입하게 될 것이다. 블랙박스가 가진 숨겨진 편견은 과잉 치안의 표적이 된 가난하거나 소외되는 소수자 커뮤니티에 경찰의 집중 배치를 정당화할 것이라는 우려를 불러일으키고 있다(Fisher et al., 2016).

　결과적으로 로봇 경찰의 윤리적 사용에 대한 기술적·행위적 중장기적 로드맵의 필요성이 절실하다. 로봇 기술의 발전은 기존의 법과 제도, 규범 등에 상당한 혼란을 초래하고 있다. 개발자, 생산자, 사용자 등의 참여적 행위 규제와 블랙박스, 편향, 할루시네이션 등을 방지할 기술적인 규제까지 망라한 새로운 윤리 표준(standards) 및 규정(regulation)이 상호적이고 협업적으로 작동할 수 있어야 한다. 이는 제도적 표준을 마련할 때 로봇이 가지는 공학적 설계에 윤리성을 부여한다는 것은 적합한 철학적 문제의 윤리 공식화와 지능형 자율 시스템에서 도덕적 추론을 구현해야 한다는 중대한 두 가지 과제를 포괄해야 한다는 것이다(Fisher et al., 2016). 따라서 설계자에게 제품이나 서비스에서 발생하는 윤리적 해악의 가능성을 줄이는 방법에 대한 지침을 제공해야 한다.

　IAS에 대한 윤리 원칙(ethics)과 표준(standards)의 필요성에 대한 인식 확대 및 법규 마련과 실천적인 실행은 규제(regulation), 시민 참여(public engagement)와 과학기술 신뢰(trust technology) 등과 어우러져 과학기술과 인간이 공존할 수 있는 책임 있는 AI(Responsible AI)

의 프레임워크를 완수할 것이다. 새로운 기술의 도입으로 직접적인 영향을 받을 수 있는 이해 관계 커뮤니티의 확대를 통해 보다 민주적인 의사 결정을 장려하는 방법으로 통합함으로써 과학과 혁신이 공공의 이익을 위해 거버넌스적으로 수행되도록 해야 한다.

AI와 윤리 기준과 규제

우리가 지켜야 할 인공지능 윤리 수칙

인공지능이 발전함에 따라 인간과 대등한 지식을 축적하거나 더 나아가 인간의 지식과 예측, 제어를 뛰어넘는 상황을 야기할 수 있다. 또 AI가 취득한 개인정보와 사생활 정보에 대한 유출이나 서비스 이용에 대한 빈익빈 부익부 현상 등 AI의 부작용을 막기 위해 각 기업, 학계, 정부에서는 AI 윤리의 중요성을 인지하고 다양한 AI 윤리 가이드라인을 만들어 공유하고 있다.

인공지능 윤리

인공지능 윤리(AI Ethics)를 인공지능 관련 이해관계자들이 준수해야 할 보편적 사회 규범 및 관련 기술로 조작적으로 정의하고 있다(과학기술정책연구원, 2019). 인간을 위협하는 AI의 출연은 더 이상 영화 속 상상이 아니다. 현실에서 벌어지고 있는 일이다. 범죄 전과자의 얼굴 이미지를 기반으로 재범률을 예측하는 인공지능 알고리즘은 흑인의 재범률을 백인에 비해 실제보다 훨씬 더 높게 추론했다. AI가 판사를 대체할 경우, 인간은 기계에 의해 인종차별을 당할 수 있는 것이다. 미국 스탠퍼드 대학이 2017년 발표한 연구도 주목할 만하다. 온라인 데이트 사이트에 공개된 남녀 프로필 사진으로 AI의 성적 지향성을 추론하게 한 결과, AI가 사람보다 더 정확한 판단을 내렸다. 성소수자가 감당해야 하는 사회적 불이익을 감안하면, AI가 내놓은 값의 신뢰성을 따지기 전에 이러한 연구 자체도 비윤리적일 수 있음을 지각해야 한다. AI의 학습 알고리즘은 방대한 데이터를 기초로 하는 일종의 통계적 추론이다. 여성, 장애인, 유색인종 등 소수 집단의 데이터는 수집이 어렵기 때문에, 알고리즘이 학습하는 데이터에도 편향성이 생길 수 있다. 기업 인사팀이 수많은 구직자의 이력서를 1차로 필터링하기 위해 AI를 도입한다면, 구직자들은 AI에 의한 차별을 당하게 되는 것이다.

주요 AI 윤리 가이드라인에서 다루고 있는 원칙을 살펴보자. AI 시대 바람직한 개발·활용 방향을 제시하기 위해 과학기술정보통신부에서 2020년에 제정한 사람 중심의

AI 윤리 기준의 3대 기본 원칙, 10대 핵심 요건은 아래와
같다.

3대 기본원칙

1. 인간 존엄성 원칙

인간은 신체와 이성이 있는 생명체로 인공지능을 포함하여
인간을 위해 개발된 기계 제품과는 교환 불가능한 가치가
있다. 인공지능은 인간의 생명은 물론 정신적 및 신체적 건
강에 해가 되지 않는 범위에서 개발 및 활용되어야 한다. 인
공지능 개발 및 활용은 안전성과 견고성을 갖추어 인간에게
해가 되지 않도록 해야 한다.

2. 사회의 공공선 원칙

공동체로서 사회는 가능한 한 많은 사람의 안녕과 행복이라
는 가치를 추구한다. 인공지능은 지능정보사회에서 소외되
기 쉬운 사회적 약자와 취약 계층의 접근성을 보장하도록
개발 및 활용되어야 한다. 공익 증진을 위한 인공지능 개발
및 활용은 사회적, 국가적, 나아가 글로벌 관점에서 인류의
보편적 복지를 향상시킬 수 있어야 한다.

3. 기술의 합목적성 원칙

인공지능 기술은 인류의 삶에 필요한 도구라는 목적과 의도
에 부합되게 개발 및 활용되어야 하며 그 과정도 윤리적이

어야 한다. 인류의 삶과 번영을 위한 인공지능 개발 및 활용을 장려하여 진흥해야 한다.

10대 핵심 요건

① 인권 보장

인공지능의 개발과 활용은 모든 인간에게 동등하게 부여된 권리를 존중하고, 다양한 민주적 가치와 국제 인권법 등에 명시된 권리를 보장해야 한다. 인공지능의 개발과 활용은 인간의 권리와 자유를 침해해서는 안 된다.

② 프라이버시 보호

인공지능을 개발하고 활용하는 전 과정에서 개인의 프라이버시를 보호해야 한다. 인공지능 전 생애주기에 걸쳐 개인정보의 오용을 최소화하도록 노력해야 한다.

③ 다양성 존중

인공지능 개발 및 활용 전 단계에서 사용자의 다양성과 대표성을 반영해야 하며, 성별·연령·장애·지역·인종·종교·국가 등 개인 특성에 따른 편향과 차별을 최소화하고, 상용화된 인공지능은 모든 사람에게 공정하게 적용되어야 한다. 사회적 약자 및 취약 계층의 인공지능 기술 및 서비스에 대한 접근성을 보장하고, 인공지능이 주는 혜택은 특정 집단이 아닌 모든 사람에게 골고루 분배되도록 노력해야 한다.

④ 침해 금지

인공지능을 인간에게 직간접적인 해를 입히는 목적으로 활용해서는 안 된다. 인공지능이 야기할 수 있는 위험과 부정적 결과에 대응 방안을 마련하도록 노력해야 한다.

⑤ 공공성

인공지능은 개인적 행복 추구뿐만 아니라 사회적 공공성 증진과 인류의 공동 이익을 위해 활용해야 한다. 인공지능은 긍정적 사회변화를 이끄는 방향으로 활용되어야 한다. 인공지능의 순기능을 극대화하고 역기능을 최소화하기 위한 교육을 다방면으로 시행하여야 한다.

⑥ 연대성

다양한 집단 간의 관계 연대성을 유지하고, 미래세대를 충분히 배려하여 인공지능을 활용해야 한다. 인공지능 전 주기에 걸쳐 다양한 주체들의 공정한 참여 기회를 보장하여야 한다. 윤리적 인공지능의 개발 및 활용에 국제사회가 협력하도록 노력해야 한다.

⑦ 데이터 관리

개인정보 등 각각의 데이터를 그 목적에 부합하도록 활용하고, 목적 외 용도로 활용하지 않아야 한다. 데이터 수집과 활용의 전 과정에서 데이터 편향성이 최소화되도록 데이터

품질과 위험을 관리해야 한다.

⑧ 책임성

인공지능 개발 및 활용 과정에서 책임 주체를 설정함으로써 발생할 수 있는 피해를 최소화하도록 노력해야 한다. 인공지능 설계 및 개발자, 서비스 제공자, 사용자 간의 책임소재를 명확히 해야 한다.

⑨ 안전성

인공지능 개발 및 활용 전 과정에 걸쳐 잠재적 위험을 방지하고 안전을 보장할 수 있도록 노력해야 한다. 인공지능 활용 과정에서 명백한 오류 또는 침해가 발생할 때 사용자가 그 작동을 제어할 수 있는 기능을 갖추도록 노력해야 한다.

⑩ 투명성

사회적 신뢰 형성을 위해 타 원칙과의 상충관계를 고려하여 인공지능 활용 상황에 적합한 수준의 투명성과 설명 가능성을 높이려는 노력을 기울여야 한다. 인공지능 기반 제품이나 서비스를 제공할 때 인공지능의 활용 내용과 활용 과정에서 발생할 수 있는 위험 등의 유의사항을 사전에 고지해야 한다.

참고문헌

과학기술정책연구원(2019). 인공지능 기술 전망과 혁신정책 방향.

송진순(2023). 로봇 경찰의 의사결정과 법집행에 있어 윤리적 요구:
    블랙박스, 편향 그리고 거버넌스적 윤리 프레임워크.
    국회입법조사처, ≪입법과 정책≫, 15(2), 85~115. DOI :
    10.22809/nars.2023.15.2.004
장혜정(2022). 인공지능 윤리(AI Ethics)란 무엇인가?.
    https://modulabs.co.kr/blog/ai-ethics
Campolo, A., et al.(2017). AI Now 2017 report. New York, NY:
    AI Now Institute, New York University.
    https://ainowinstitute.org/publication/ai-now-2017-rep
    ort-2
Fisher, M., et al.(2016). Engineering moral machines.
    Forum/Dagstuhl Manifesto. *Informatik-Spektrum,* 39(6),
    467 - 472.
    https://eprints.lse.ac.uk/68212/1/List_Engineering%20m
    oral_2016.pdf
Winfield, AF.(2012). *Robotics: a very short introduction.* Oxford,
    UK: Oxford University Press.

10
AI와 미래 치안

"미래의 치안은 데이터와 알고리즘으로 설계될 것이다." – 케빈 켈리(와이어드 공동 창간자) AI는 경찰 업무의 효율성과 정밀성을 높이며, 범죄 예방과 대응 방식에 혁신을 가져오고 있다. 스마트 감시 시스템, 예측 알고리즘, 드론 순찰까지, 기술은 치안의 새로운 지평을 열고 있다. 그러나 이러한 발전은 개인정보 보호와 권리 침해라는 윤리적 도전을 수반한다. 이 장에서는 AI가 만들어 갈 미래의 치안 환경을 살펴보고, 기술이 공공 안전을 위해 나아가야 할 방향과 전망을 모색한다.

기억해야 할 AI와 미래

AI는 지능이 필요한 작업을 수행할 수 있는 스마트 머신을 만드는 데 중점을 둔 컴퓨터 과학 분야다. AI는 알고리즘을 사용하여 방대한 양의 데이터를 처리하고 학습하고 적응한다.

모두가 알아야 할 AI

AI에 대한 이해는 매우 중요하다. AI는 의료부터 일자리 시장, 개인적 결정, 정책 결정 과정, 일상생활 통합에 이르기까지 삶의 많은 측면에 점점 더 많은 영향을 미치고 있다. AI의 잠재력과 한계를 인식하면 개인이 윤리적 고려 사항, 정책 생성 과정, 일상생활 내 구현에 대한 정보에 입각한 토론에 참여하면서 미래의 발전을 예측할 수 있다. AI는 시간이 지남에 따라 급속히 발전하여 자율성으로 복잡한 작업을 수행할 수 있는 정교한 AI 시스템을 만들어 잠재적으로 의료, 운송 및 고객 서비스와 같은 산업을 파괴할 것이다. 또 인간의 가치와 원칙에 맞춰 AI 개발의 윤리와 거버넌스에 상당한 발전이 있을 가능성이 크다.

AI의 보편성: AI는 개인화된 스트리밍 추천에서 의료 고급 진단에 이르기까지 일상생활에 통합되고 있다. AI

의 존재를 이해하면 AI가 사회의 다양한 측면과 개인적 경험에 어떤 영향을 미치는지 인식하는 데 도움이 될 수 있다.

AI 윤리: AI는 특히 개인정보 및 데이터 보호와 관련하여 윤리적 문제를 제기한다. AI는 개인 데이터를 분석하여 개인정보를 침해하는 데 사용될 수 있으며 알고리즘은 의도치 않게 편견을 영속시킬 수 있다. 책임감 있는 AI 사용을 옹호하기 위해 이러한 문제를 인식하는 것이 중요하다.

고용 및 기술에 대한 AI의 영향: AI의 자동화 기능은 일자리 시장을 변화시키고 특정 일자리를 대체하는 동시에 다른 일자리를 창출할 수 있다. 이는 특히 입문 수준의 반복적인 직업에 해당한다. 이러한 변화는 점점 더 노동력 내에서 디지털 리터러시와 적응력을 개발하는 데 중점을 두어야 한다.

투명성과 규제의 필요성: AI의 영향력이 커짐에 따라 사용을 규제하는 투명하고 공정한 규칙이 더욱 중요해지고 있다. AI가 사회에 이롭고 피해를 최소화하도록 하기 위해 이러한 보호 장치의 중요성을 이해하는 것이 중요하다.

지속적인 학습과 적응: AI는 빠르게 진화하는 분야다.

잠재적인 이점과 영향을 이해하기 위해 이 분야의 발전에 대해 계속 알고 있는 것이 필수다.

치안과 AI

미래 경찰(future policing)이라는 용어는 경찰 업무에 지속 가능한 미래 예측, 혁신 및 지역 사회 관계를 도입하는 사고방식을 나타낸다. AI의 도입은 특히 치안 분야에서 경찰 업무 효율성 향상과 범죄 예방 및 해결에 새로운 가능성을 제시하며 주목받고 있다. 디스토피아적 우려를 불식하기 위한 미래의 치안에 대한 전망과 당부에 대해 알아보자.

경찰 업무에 가장 큰 영향을 미칠 문제에 대한 이해를 강조하는 공공 안전에 대한 선제적 접근 방식이다. 이러한 이해를 바탕으로 경찰, 정치인, 지역 사회 구성원의 삼위일체는 공공 안전에 대한 바람직한 미래를 만드는데 도움이 되는 것들을 발전시키기 위해 노력해야 한다. 미래 예측, 지속 가능한 혁신 및 포용적 관행을 개발함으로써 경찰은 효과적이고 반응성 있고, 보호적이고 협력적이며, 투명하고 책임감 있고, 공감적이고 공정한 올바른 미래를 결정할 수 있다. 경찰 활동이 효과적이고 공감적이며 공정할 때 올바른 것이라는 근본적인 원리를 기억할 필요가 있다.

　AI는 경찰 업무에 보편화되고 있다. 최근 몇 년간 법 집행 기관은 조사 역량을 확대하기 위해 AI에 의존하고 있다. 기존 방식과 달리 AI는 데이터 분석, 머신러닝, 패턴 인식의 힘을 활용하여 범죄 해결에 역동적인 접근 방식을 제공하고 있다. 방대한 양의 정보를 빠르게 처리할 수 있는 AI 시스템의 능력 덕분에 법 집행 기관은 패턴을 발견하고 잠재적인 용의자를 식별하며 범죄를 예방할 수 있다. 미래의 경찰 업무에는 상호 연결된 디지털 시스템의 복잡한 네트워크가 필요하며, 알고리즘이 파견, 증언 수집, 불만 처리 등과 같은 기본 활동을 담당하게 된다.

선제적 경찰 활동/고급 분석

여러 채널을 통해 제공되는 풍부한 데이터를 활용하기 위해 법 집행 기관은 초기 단계에서 위협을 식별할 수 있는 정교한 분석 도구를 사용한다. AI는 사전 계획, 추세 분석, 정보에 입각한 의사 결정과 같은 여러 가지 이점을 제공한다. 윤리는 여기서 신중하게 관리해야 할 중요한 부분으로, 무엇을 캡처하고, 저장하고, 얼마 동안 보관해야 하는지 결정한다.

설루션의 생태계

법 집행 기관 내의 구획화는 설루션(solution)을 제공하기 위해 함께 작동하는 확장 가능하고 상호 연결된 시스템 네트워크로 대체되어야 한다. 경찰과 파트너 조직 모두에서 상호 운용성과 통합성을 갖춘 이러한 디지털 플랫폼을 개발하면 운영 효율성 측면에서 뜻밖의 이득을 얻을 수 있다.

자동화/로봇공학 : 연결 기술을 통한 지원

로봇은 백오피스 기능의 대부분을 인수하는 데 큰 역할을 할 것이다. 경찰 업무는 복잡하고 민감하며, 심각한 오류의 영향은 상당할 것이다. 따라서 로봇은 핵심 의사 결정을 인간 동료에게 맡기고 강도가 낮은 반복적인 작업만 인수하는 것이 필수적이다. 로봇공학은 현장 경찰관의 가상 비서 역할을 하고 보다 효과적인 순찰, 사건 해결을 가능하게 할 수 있는 능력을 가지고 있다. 로봇공학의 성공은 상호 운용 가능한 완전히 연결된 시스템의 생태계에 달려 있다.

디지털 참여를 통한 원활한 시민 경험

대중의 신뢰를 얻고 유지하는 것은 사용자 중심의 다중

채널 디지털 참여 전략을 구축하여 달성할 수 있는 핵심 우선순위 업무다. 소셜 미디어 플랫폼 전반에 걸쳐 지속적인 존재감을 가진 사용자 친화적인 디지털 플랫폼은 경찰 활동이 효과적으로 이루어지도록 시민들이 화상 회의와 AI 기반 채팅봇 등을 사용하여 불만을 접수할 수 있다는 것을 의미한다. 또 감시 시스템이 AI 기반 자동화 기능으로 대체되어 경찰이 각 자치구에서 전방위로 활동할 수 있게 되면서 가상 순찰도 주요 수단이 될 것이다.

예측 경찰 활동

법 집행 분야에서 AI의 가장 유망한 응용 분야 중 하나는 예측 경찰 활동이다. AI 알고리즘은 과거 범죄 데이터를 분석하여 패턴과 추세를 식별하여 기관이 자원을 전략적으로 할당할 수 있도록 한다. 예측 경찰 활동은 법 집행 기관이 잠재적인 범죄 핫스팟을 예측하여 궁극적으로 범죄 예방과 공공 안전에 도움이 되도록 하는 것이다. 로스앤젤레스 경찰청(LAPD)은 프레드폴(PredPol) 시스템을 포함한 예측 경찰 기술을 활용하여 범죄 예방 노력을 강화했다. 경찰 업무에 AI를 사용하는 것이 편견과 개인정보 보호에 대한 우려로 인해 논쟁의 대상이 되어 왔다는 점은 피할 수 없다. 예측적 경찰 활동도 중요하지만, 데이터 편향 및 잠재적 시민 자유 침해와 관련된 우려를 해결하는 것이 중요하다. 사법 집행을 하는 기관들은 AI 알고리즘이 다양하고 편향되지 않은 데이터 세트로 훈련을 받게 해 기존 사회적 불평등이 지속되는 것을 방지할 수 있어야 한다.

얼굴 인식 기술

AI 기반 얼굴 인식 기술은 범죄 수사에서 게임 체인저로 등장했다. 얼굴을 데이터베이스와 빠르게 분석하고 매칭함으로써 법 집행 기관은 용의자를 신속하게 식별하고 체포할 수 있다. 이 기술은 공공 안전을 위협하거나 실종자와 관련된 사건에 빠르게 대응할 수 있는 장점이 있다. 설명 가능한 AI의 발전은 얼굴 인식 결과에 대한 투명한 설명을 제공하여 대중의 신뢰를 얻는 게 중요하다.

소셜 미디어 모니터링 및 오픈 소스 인텔리전스

AI와 소셜 미디어 모니터링 도구의 통합은 법 집행 정보 수집을 위한 새로운 길을 열어 준다. 소셜 미디어 데이터를 분석하면 범죄 활동, 잠재적 위협, 심지어 용의자의 행방에 대한 귀중한 통찰력을 얻을 수 있다. AI 알고리즘으로 구동되는 오픈소스인텔리전스(OSINT)를 통해 법 집행 기관은 방대한 양의 공개적 사용 가능한 정보를 걸러내 조사를 지원할 수 있다.

강화된 비디오 분석

비디오 영상 분석은 수사관에게 시간이 많이 걸리는 작업이었다. AI 기반 비디오 분석 도구는 비디오 콘텐츠를 빠르게 분석하여 법 집행 기관이 대량의 데이터를 효율적으로 처리할 수 있도록 한다. 경찰서에서는 감시, 범죄 탐지, 증거 수집과 같은 작업에 AI 강화 비디오 분석을 사용한다. AI 강화 비디오 분석의 주요 장점은 인간 조사자가 알아차리지 못할 수 있는 중요한 세부 사항을 발견하는 능력이다. 사물과 개인을 식별하는 것부터 행동의 이상을 감지하는 것까지 조사의 심도와 정확성에 크게 기여한다.

실시간 범죄 분석

AI는 의심스러운 활동에 대한 다양한 데이터 소스를 지속적으로 모니터링하여 실시간 범죄 분석을 용이하게 한다. 예방적 접근 방식을 통해 법 집행 기관은 새로운 위협에 신속하게 대응하고 범죄가 발생하기 전에 예방할 수 있다. 실시간 범죄 분석 시스템은 감시 카메라, 센서 및 기타 소스의 데이터를 통합하여 포괄적이고 역동적인 상황 인식을 생성할 수 있다. 법 집행 기관은 실시간 범죄 분석을 강화하여 대응 시간과 자원 할당을 개선하기 위해 AI를 사용하는 것을 탐구했다. 실시간 범죄 분석은 엄청난 잠재력을 가지고 있지만, 이러한 시스템의 확장성과 상호 운용성과 관련된 과제가 있다. 법 집행 경찰은 실시간 범죄 분석 도구의 원활한 통합과 효과적인 활용을 보장하기 위해 기술 개발자와 긴밀히 협력해야 한다.

AI를 활용한 경찰 업무 발전

AI는 업무의 효율성과 정확성을 개선한다. AI는 방대한 양의 정보를 인간보다 더 빠르게 처리하여 범죄를 더 빠르고 정확하게 분석한다. 얼굴 인식, 자동 번호판 판독기, 경찰 예측 알고리즘은 인간의 분석에서 벗어날 수 있는 패턴과 잠재적 위험을 식별하는 데 도움이 될 수 있다. 실종자를 찾거나 테러 행위를 예방하는 것과 같이 시간이 중요한 상황에서 특히 중요하다.

자원 최적화: AI는 부서가 범죄의 핫스팟을 예측하여

자원을 할당하도록 돕고, 이를 통해 경찰을 보다 전략적인 방식으로 배치할 수 있다. 단순히 대응하는 대신 이러한 사전 예방적 접근 방식은 범죄를 예방하고 전반적인 범죄율을 줄이는 데 도움이 될 수 있다.

개선된 공공 안전: AI는 범죄 추세를 분석하여 공공 안전을 개선하는 데 도움이 될 수 있다. 예를 들어 알고리즘은 교통사고 위험이 높은 지역을 식별하고 이에 따라 교통법 집행에 알릴 수 있다.

AI와 숫자 분석: 머신러닝과 AI는 소셜 미디어나 CCTV 영상과 같은 대규모 데이터 세트에서 통찰력을 주는 정보를 찾아내 복잡한 조사에 도움이 될 수 있다. 특히 범죄 네트워크를 식별하고 해체하는 데 유용하다.

신체 착용 카메라 영상 분석: 경찰 신체 착용 카메라 (Body Wearable Camera, BWC)는 매우 짧은 시간에 엄청난 양의 영상을 촬영한다. 경찰 리더의 과제는 훈련 목적, 정책 준수, 위험 완화, 경찰의 웰빙 등을 위해 영상을 정기적으로 검토할 역량을 개발하는 것이다. 실시간으로 영상을 시청하며 검토해야 하지만, 이를 감당할 수 있는 경찰 조직은 거의 없다. 그러나 사람들은 대부분 경찰이 영상을 정기적으로 검토하고 있다고 믿고 있다. 사실, BWC 시스템이 경찰에 지급되는 이유는 시민 불만 감소,

무력 행사 방지 등의 약속을 지키기 위함이다. 불만, 민원, 중대한 사건 등이 없는 한 경찰의 BWC 영상이 실제로 검토되지 않는다는 것을 알게 되면 카메라의 문명화 효과(모두가 누군가가 영상을 검토할 것이라고 믿고 더 잘 행동하는 경우)가 사라지기 시작한다. 앞으로는 AI 시스템이 BWC 영상 검토 프로세스를 자동화하는 데 정기적으로 사용될 것이다. 이를 통해 카메라의 문명화적 특성의 예방적 속성이 강화될 것이다.

AI 활용 범죄와 도전 과제

AI 기술이 발전함에 따라 사이버 범죄자의 역량도 발전하고 있다. 악의적인 행위자가 사악한 목적으로 AI를 활용하는 AI 기반 범죄는 상당한 위협을 초래한다. 예를 들어 딥페이크 기술은 매우 사실적이지만 완전히 조작된 오디오 또는 비디오 콘텐츠를 만들 수 있다. 범죄자는 이를 사용하여 개인을 사칭하고 증거를 조작하거나 허위 정보를 퍼뜨릴 수 있다.

AI 기반 범죄에 대한 명확한 범주는 없지만 AI 기술은 다양한 범죄 활동에 연루될 수 있다. 다음은 AI가 악용될 수 있는 몇 가지 영역이다.

딥페이크 제작: AI는 설득력 있는 딥페이크 영상이나

오디오 녹음을 만드는 데 사용될 수 있고, 이는 잠재적으로 잘못된 정보, 사칭 또는 명예훼손으로 이어질 수 있다.

피싱 공격: AI는 타기팅되고 설득력 있는 피싱 이메일 작성을 자동화함으로써 피싱 기술을 향상해 개인이 악성 메시지를 인식하기 어렵게 만들 수 있다.

자동화된 사회 공학: AI 도구는 개인화된 사회 공학 공격을 분석, 생성하고 개인을 조종하여 민감한 정보를 누설하거나 악의적인 행동을 취하게 할 수 있다.

AI 기반 맬웨어: 사이버 범죄자들은 AI 알고리즘을 사용하여 더욱 정교하고 탐지하기 어려운 맬웨어를 설계할 수 있고, 기존의 사이버 보안 조치로는 공격을 탐지하고 예방하기 어려워질 수 있다.

AI 시스템에 대한 적대적 공격: 범죄자는 신중하게 고안된 입력을 도입하여 AI 시스템의 기능을 속이거나 방해함으로써 이미지 인식이나 자율주행 차와 같은 AI 시스템을 조작하려고 시도할 수 있다.

자동화된 사기 계획: AI 알고리즘은 개인이나 조직을 표적으로 삼아 가짜 투자 기회나 금융 사기와 같은 설득력 있는 사기 계획을 생성하는 데 사용될 수 있다.

강화된 AI 사이버 간첩 활동: 국가 지원 집단이나 범죄 집단이 민감한 정보나 지적 재산을 훔치는 등 보다 정교한 사이버 간첩 활동을 수행하는 데 AI를 사용할 수 있다.

알고리즘 거래 조작: 금융 시장에서 범죄자들은 AI 알고리즘을 악용해 알고리즘 거래 시스템 내에서 주가를 조작하거나 다른 형태의 사기 행위에 가담할 수 있다.

스마트 기기 악용: 사물인터넷(IoT)을 통해 더 많은 기기가 상호 연결됨에 따라 범죄자들은 감시 또는 데이터 도난을 포함한 다양한 악의적인 목적으로 AI 기반 스마트 기기의 취약점을 악용할 수 있다.

강탈을 위한 AI 생성 콘텐츠: 범죄자는 AI를 사용하여 허위 정보, 손상된 이미지 또는 조작된 문서를 생성한 다음, 이 콘텐츠를 강탈이나 협박 목적으로 악용할 수 있다.

범죄 활동에 AI를 사용하는 것이 점차 더 큰 문제가 되고 있으며, 법 집행 및 사이버 보안 노력은 이러한 새로운 위협에 대처하기 위해 지속적으로 적응하고 있다는 점을 인식하는 것이 중요하다. 사법 집행 기관인 경찰은 AI 기반 범죄의 진화하는 환경을 이해하는 데 주의를 기울여야 한다. AI의 오용은 법정에서 증거의 인증 및 허용 가능성에 대한 문제로 이어질 수 있다. 이러한 우려 사항을 해결하려면 AI 대응 기술의 개발과, 수사관이 AI 기반 범죄 활동을 인식하고 퇴치할 수 있도록 지속적인 교육을 포함한 사전 예방적 접근 방식이 필요하다.

AI 기술은 법 집행에 전례 없는 기회를 제공하지만, 과제와 윤리적 고려 사항도 따른다. 가장 큰 우려 사항 중 하나는 AI 알고리즘의 편견 가능성으로, 이로 인해 차별적인 결과가 발생할 수 있다. 법 집행 임원은 AI 도구의 개발 및 배포에서 공정성과 형평성을 우선시해야 하며, 편견을 완화하고 알고리즘 투명성을 해결하기 위해 적극적으로 노력해야 한다. 개인정보 보호는 경찰 업무에 AI를 사용하는 데 핵심적인 윤리적 우려 사항으로 남아 있다. 얼굴 인식 및 소셜 미디어 모니터링과 같은 기술은 개인의 개인정보 보호 권리에 대한 의문을 제기한다. 명확한 정책을 수립하고, 필요한 경우 정보에 입각한 동의를 얻고, AI 기술의 윤리적 의미를 정기적으로 검토하는 것은 법 집행 기관에서 수행해야 할 필수 단계다.

미래적 치안에 대한 준비

AI는 이미 치안 분야에서 게임 체인저로 자리 잡고 있다. 데이터 분석과 알고리즘을 활용한 범죄 예측, 실시간 감시 시스템, 드론과 로봇 경찰의 도입은 범죄를 줄이고 치안을 강화하는 데 기여하고 있다. 기술의 진보는 새로운 기회를 제공하는 동시에 예상치 못한 도전을 동반한다. 우선, 디지털 세상에 발을 들일수록 더 많은 데이터를 공유하게 되며, 네트워크가 강력해지는 기반이 된다. 치안 기술에도 적용된다. 경찰 업무는 방대한 데이터 수집을 통해 더욱 정교해지지만, 동시에 개인의 프라이버시 침해나 오용의 가능성도 커진다. 예컨대, 예측 경찰 시스템이 범죄를 미리 감지하려는 목적에서 특정 계층이나 인종을 편향적으로 감시한다면, 기술은 신뢰를 잃고 차별의 도구로 전락할 수 있다. 또 인공지능과 네트워크가 우리가 한 번도 겪어 보지 못한 방식으로 세상을 연결할 것이다. AI 기반 치안 기술이 전 세계적으로 연결되면, 협력적이고 통합된 글로벌 치안 체계가 가능해질 수 있다. 이를 통해 국제 범죄나 테러 같은 초국가적 위협에 효과적으로 대응할 수 있다. 하지만 이러한 통합이 이루어지려면 각국이 AI 기술의 윤리적 기준과 법적 규제를 조화롭게 설정해야 한다는 과제가 따른다. 기술이 인간의 본질적 능력을 증폭하면서도, 그 기술을 제어하는 책임은 인간에게 달려 있다는 역설이 존재한다. AI와 로봇 경찰은 인간의 판단을 돕는 보조자로 설계되어야 하며, 스스로 결정하고 집행하는 시스템이 되는 것은 위험하다. 치안 시스템에서 발생하는 모든 결과는 궁극적으로 인간이 책임져야 하며, 이를 위해 AI 개발자와 사용자는 투명성과 공정성을 보장해야 한다.

따라서 법 집행 및 치안을 위한 로봇 경찰의 사용은 사회에 많은 준비를 요구하고 있다. 우선은 정부, 국회, 법 집행 기관은 로봇 경찰의 설계, 배치, 운영, 데이터 수집 및 관리, 책임 및 감독을 포함하여 법률, 규정 또는 지침을 개발하는 윤리 규제 프레임워크를 시급히 마련해야 한다. 다수의 이해관계자와 함께 거버넌스적인 운영 방식, 프라이버시, 투명성, 공정성 및 인권과 같은 다양한 요소를 고려해야 한다. 둘째, 로봇공학 전문가와 개발자에게 기술 표준에 윤리 강령 및 규제의 강력한 의무를 부여해야 한다. 윤리 강령 및 표준에는 인간의 존엄성 존중, 비차별적 집행, 개인정보 보호에 입각한 동의 절차 및 책임 있는 혁신 등이 뒤따라야 한다. 셋째, 학계 및 규제 및 감시 기관은 경찰관, 로봇공학 전문가, 관련 인력을 대상으로 편향과 편견에 맞서는 로봇 경찰의 사용에 대한 지식과 기술 및 그러한 사용의 법적, 윤리적, 사회적 함의를 향상하기 위한 훈련 및 교육 프로그램을 지속적으로 제공해야 한다. 넷째, 로봇 경찰 개발과 사용의 정당성 및 타당성에 대한 시민들의 인식 확산과 과학기술에 대한 신뢰를 확보하기 위한 노력이 필요하다. 시민들의 이해 및 참여를 촉진하는 다양한 경로를 확보하기 위한 공공, 시민 사회 단체 및 기타 이해관계자와 협력, 공공 협의, 심의 등 참여적 민주주의 방식의 공공 소통적인 접근이 필요하다. 다섯째, 로봇 경찰의 법적·윤리적 기준 준수, 효과성, 효율성 및 영향력을 지속적으로 평가하고 모니터링하기 위한 메커니즘을 수립하고, 외부 감사 및 시민들의 피드백을 경청해야 한다. 로봇 경찰의 도입과 실제적 집행자로서의 막중한 임무 부여는 공공의 안전을 최우선으로 하기 위해 고안된 것임을 잊지 말아야 한다. 윤리적 AI 프레임워크는 AI와 미래 치안을 설계하는 데 중요한 나침반 역할을 한다. 기술의 잠재력을 활용해 공공 안전을 극대화할 가능성을 열어 가야 한다. 그러나 동시에, 인간의 권리와 윤리를 우선시하는 기준을 세우고, 기술이 인간을 섬기도록 만드는 방향으로 나아가야 할 것이다. AI가 만들어 갈 미래 치안은 단순히 기술적 혁신이 아니라, 우리가 어떤 사회를 꿈꾸는가에 대한 답이어야 한다.

참고문헌

송진순(2023). 로봇 경찰의 의사결정과 법집행에 있어 윤리적 요구:

블랙박스, 편향 그리고 거버넌스적 윤리 프레임워크. ≪입법과 정책≫, 15(2).

ibm(2024). 알고리즘 편향이란 무엇인가요?
https://www.ibm.com/kr-ko/think/topics/algorithmic-bias

techUK(2021). 경찰의 미래: 디지털 격차 해소.
https://www.techuk.org/resource/the-future-of-policing-bridging-the-digital-divide.html

케빈 켈리(2022). 5000일 후의 세계 모든 것이 AI와 접속된 '미러 월드'의 시대가 온다. 한국경제신문.

송진순

동아대학교 행정학과 조교수다. 주요 연구 분야는 시민과 정부 간 공공 소통 채널 및 방식에 대한 정책적 논의이며, 참여적이고 확대된 미디어로서의 AI의 인문사회적인 논의와 윤리적 사용에 대한 논문을 주로 쓰고 있다. 주요 저서로는 『Advanced Virtual Assistants – A Window to the Virtual Future』 (공저)가 있으며, 역서로는 『글로벌비지니스를 위한 문화 간 커뮤니케이션』 (공역)이 있다. "AI Act, 2024 대선 그리고 허위정보에 맞서는 인간과 AI의 공공소통 검증 프로젝트"(2024), "로봇경찰의 의사결정과 법집행에 있어 윤리적 요구: 블랙박스, 편향 그리고 거버넌스적 윤리 프레임워크"(2023), "지역경찰의 인공지능 챗봇 도입을 통한 공공소통 증진과 신뢰도 향상 방안 연구"(2022), "The Implications of Providing Voice-Based Chatbots in Public Service for Digital Inclusion and Public Communication"(2022) 등 다수의 논문이 있다.